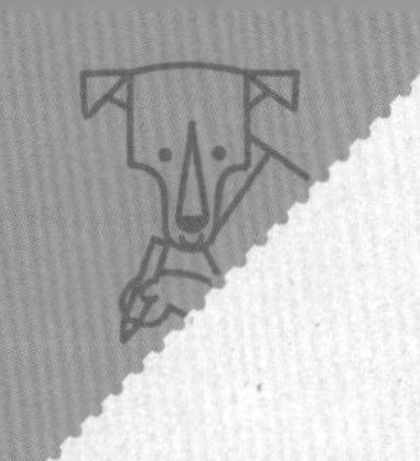



# やりきれるから自信がつく！

## 1日1枚の勉強で，学習習慣が定着！

◎目標時間に合わせ，無理のない量の問題数で構成されているので，「1日1枚」やりきることができます。

◎解説が丁寧なので，まだ学校で習っていない内容でも勉強を進めることができます。

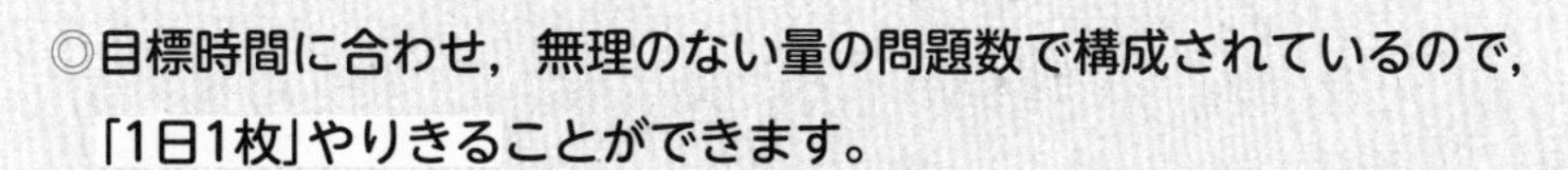

## すべての学習の土台となる「基礎力」が身につく！

◎スモールステップで構成され，1冊の中でも繰り返し練習していくので，確実に「基礎力」を身につけることができます。「基礎」が身につくことで，発展的な内容に進むことができるのです。

◎教科書に沿っているので，授業の進度に合わせて使うこともできます。

## 勉強管理アプリの活用で，楽しく勉強できる！

◎設定した勉強時間にアラームが鳴るので，学習習慣がしっかりと身につきます。

◎時間や点数などを登録していくと，成績がグラフ化されたり，賞状をもらえたりするので，達成感を得られます。

◎勉強をがんばると，キャラクターとコミュニケーションを取ることができるので，日々のモチベーションが上がります。

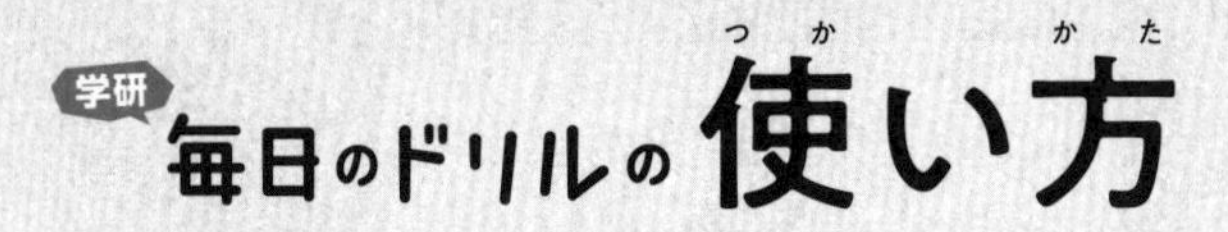

# 学研 毎日のドリルの使い方

## 1 1日1枚，集中して解きましょう。

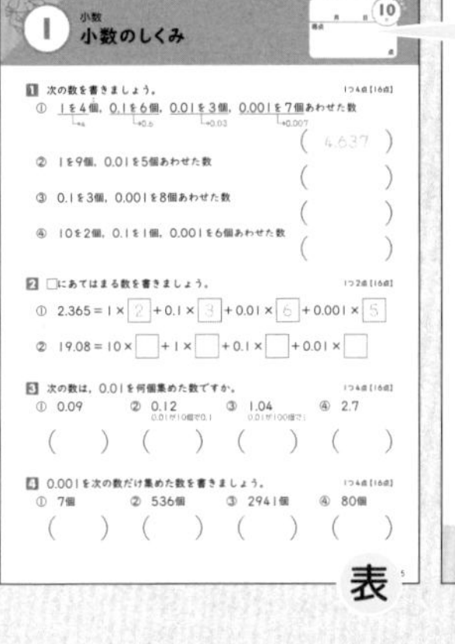

小数のしくみ
表

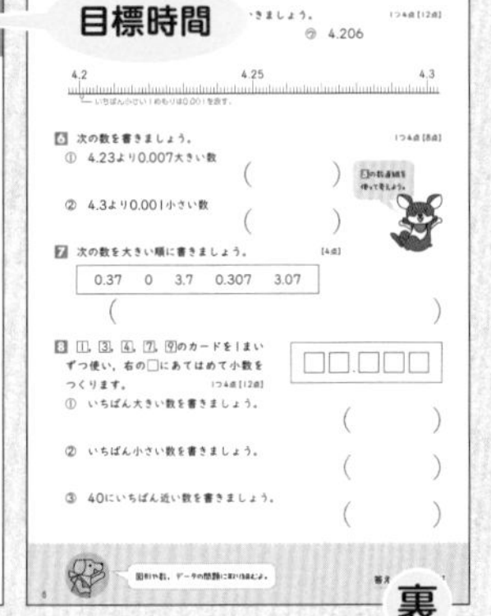

目標時間
裏

◎**1回分は，1枚（表と裏）です。**

1枚ずつはがして使うこともできます。

◎**目標時間を意識して解きましょう。**

アプリのストップウォッチなどで，かかった時間をはかるとよいです。

・巻末の「まとめテスト」で，この本の内容が身についたか確認できます。

## 2 答え合わせをしましょう。

・本の最後に，「答えとアドバイス」があります。

・答え合わせをして，点数をつけましょう。

できなかった問題を
解き直すと，
より力がつくよ！

## 3 アプリに得点を登録しましょう。

・アプリに得点を登録すると，成績がグラフ化されます。

・勉強すると，キャラクターが育ちます。

無料ダウンロード
毎日のドリル
勉強管理アプリ
アプリといっしょだと，ドリルが楽しく進む!?
コンコン
ぼくのへや
今日の分の毎ドリ終わった？
今やってるところー
うそはいけないっきゅ！
わっ!?
だれ!?
どこから来たの!?
キミの毎ドリが進むようにすばらしいものを持ってきたっきゅ
なになに？
とりあえずやってみるっきゅ
ストップウォッチスタート!!
おっ！
時間をはかってくれるんだ！
0分21秒
目標：15分00秒
よーしっ!!
できたーーっ!!
いつもよりどんどん解けた気がする！
時間を意識してるから集中できるんだっきゅ！
さらに！
得点をアプリに入力するとグラフになるんだ！
すっげー!!
この「1」ってなんだろ？
タッチしてみるっきゅ
ポン
一回終わるごとにぼくがエサを食べられるんだっきゅ
ドリルを進めるとかっこいいわざをおぼえたりすてきな部屋が手に入ったりするよ
よーしっ
あしたもがんばるぞ！
二か月後
よっしゃー！
ドリルが終わったぞ！
一冊やりきったら賞状とメダルがもらえたよ！
賞状　ぼくどの
あなたは、3年「かけ算」をしゅうりょうしましたので、ここにこれをしょうします。たいへん、すばらしいです！
次はどのドリルに挑戦しようかな！

# 毎日のドリル 勉強管理アプリ

「毎日のドリル」シリーズ専用，スマートフォン・タブレットで使える無料アプリです。
1つのアプリでシリーズすべてを管理でき，学習習慣が楽しく身につきます。

## 1 「毎日のドリル」の学習を徹底サポート！

毎日の勉強タイムをお知らせする「タイマー」

かかった時間を計る「ストップウォッチ」

勉強した日を記録する「カレンダー」

入力した得点を「グラフ化」

## 2 キャラクターと楽しく学べる！

好きなキャラクターを選ぶことができます。勉強をがんばるとキャラクターが育ち，「ひみつ」や「ワザ」が増えます。

## 3 1冊終わると，ごほうびがもらえる！

ドリルが1冊終わるごとに，賞状やメダル，称号がもらえます。

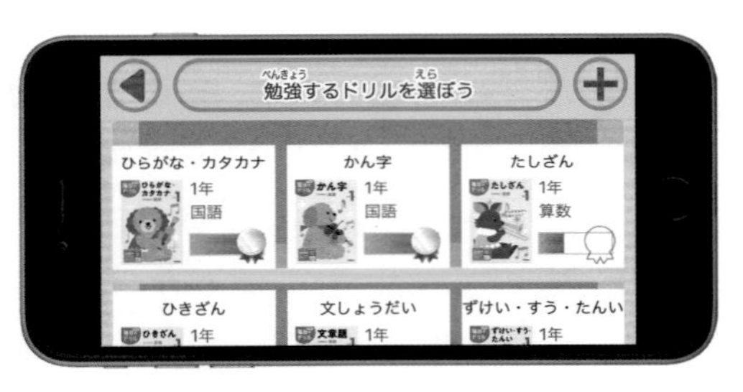

## 4 漢字と英単語のゲームにチャレンジ！

ゲームで，どこでも手軽に，楽しく勉強できます。漢字は学年別，英単語はレベル別に構成されており，ドリルで勉強した内容の確認にもなります。

**アプリの無料ダウンロードはこちらから！**
https://gakken-ep.jp/extra/maidori/

【推奨環境】
■ 各種Android端末：対応OS Android6.0以上　※対応OSであっても，Intel CPU（x86 Atom）搭載の端末では正しく動作しない場合があります。
■ 各種iOS（iPadOS）端末：対応OS iOS10以上　※対応OS や対応機種については，各ストアでご確認ください。
※お客様のネット環境および携帯端末によりアプリをご利用できない場合，当社は責任を負いかねます。
また，事前の予告なく，サービスの提供を中止する場合があります。ご理解，ご了承いただきますよう，お願いいたします。

# 1 小数
# 小数のしくみ

もくひょう 10分

月　日
得点
点

**1** 次の数を書きましょう。　　1つ4点【16点】

① 1を4個，0.1を6個，0.01を3個，0.001を7個あわせた数
　→4　→0.6　→0.03　→0.007
( 4.637 )

② 1を9個，0.01を5個あわせた数 (　　)

③ 0.1を3個，0.001を8個あわせた数 (　　)

④ 10を2個，0.1を1個，0.001を6個あわせた数 (　　)

**2** □にあてはまる数を書きましょう。　　1つ2点【16点】

① 2.365＝1×[2]＋0.1×[3]＋0.01×[6]＋0.001×[5]

② 19.08＝10×[　]＋1×[　]＋0.1×[　]＋0.01×[　]

**3** 次の数は，0.01を何個集めた数ですか。　　1つ4点【16点】

① 0.09 (　　)

② 0.12 (　　)
0.01が10個で0.1

③ 1.04 (　　)
0.01が100個で1

④ 2.7 (　　)

**4** 0.001を次の数だけ集めた数を書きましょう。　　1つ4点【16点】

① 7個 (　　)

② 536個 (　　)

③ 2941個 (　　)

④ 80個 (　　)

**5** ㋐～㋒の数を表すめもりに，↓をかきましょう。　1つ4点【12点】

㋐ 4.24　　㋑ 4.286　　㋒ 4.206

4.2　　4.25　　4.3

いちばん小さい1めもりは0.001を表す。

**6** 次の数を書きましょう。　1つ4点【8点】

① 4.23より0.007大きい数

(　　　　)

② 4.3より0.001小さい数

(　　　　)

**5**の数直線を使って考えよう。

**7** 次の数を大きい順に書きましょう。　【4点】

| 0.37 | 0 | 3.7 | 0.307 | 3.07 |
|---|---|---|---|---|

(　　　　　　　　)

**8** 1，3，4，7，9のカードを1まいずつ使い，右の□にあてはめて小数をつくります。　1つ4点【12点】

□□.□□□

① いちばん大きい数を書きましょう。

(　　　　)

② いちばん小さい数を書きましょう。

(　　　　)

③ 40にいちばん近い数を書きましょう。

(　　　　)

図形や数，データの問題に取り組むよ。

答え ▶ 77ページ

2

小数

# 10倍，100倍，1000倍した数

もくひょう 10分

月　日

得点

点

**1** 4.21の10倍，100倍，1000倍はどんな数ですか。㋐に4.21の10倍の数を，㋑に4.21の100倍の数を，㋒に4.21の1000倍の数を書きましょう。

1つ4点，㋒は5点【13点】

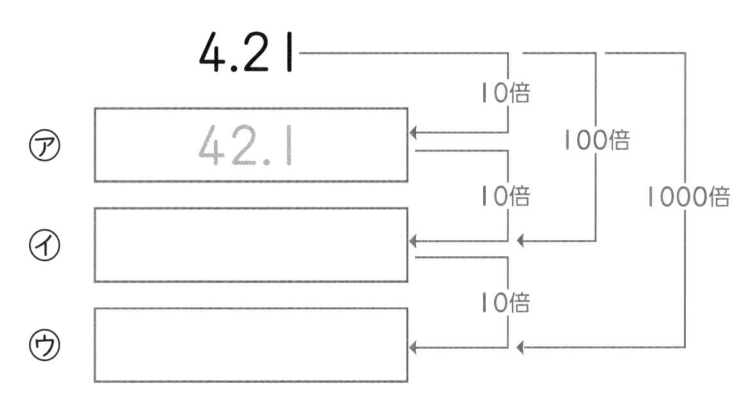


小数も整数と同じように，10倍，100倍，1000倍，…すると，位はそれぞれ1けた，2けた，3けた，…と，上がる。

**2** □にあてはまる数を書きましょう。

1つ4点【24点】

① 3.74を10倍すると，小数点は右へ□けたうつり，その数は□です。

② 5.9を100倍すると，小数点は右へ□けたうつり，その数は□です。

③ 0.6を1000倍すると，小数点は右へ□けたうつり，その数は□です。

小数点は順に右にうつるね。

**3** 次の数を10倍，100倍，1000倍した数を書きましょう。　1つ3点【63点】

① 27

10倍 (　　　)　100倍 (　　　)　1000倍 (　　　)

② 46.71

10倍 (　　　)　100倍 (　　　)　1000倍 (　　　)

③ 1.06

10倍 (　　　)　100倍 (　　　)　1000倍 (　　　)

④ 2.416

10倍 (　　　)　100倍 (　　　)　1000倍 (　　　)

⑤ 0.2

10倍 (　　　)　100倍 (　　　)　1000倍 (　　　)

⑥ 0.67

10倍 (　　　)　100倍 (　　　)　1000倍 (　　　)

⑦ 0.054

10倍 (　　　)　100倍 (　　　)　1000倍 (　　　)

アプリに，得点を登録しよう！

答え ▶ 77ページ

# 3 小数 $\frac{1}{10}$，$\frac{1}{100}$，$\frac{1}{1000}$にした数

**1** 182.5の$\frac{1}{10}$，$\frac{1}{100}$，$\frac{1}{1000}$の数はどんな数ですか。㋐に182.5の$\frac{1}{10}$の数を，㋑に182.5の$\frac{1}{100}$の数を，㋒に182.5の$\frac{1}{1000}$の数を書きましょう。

1つ4点【12点】

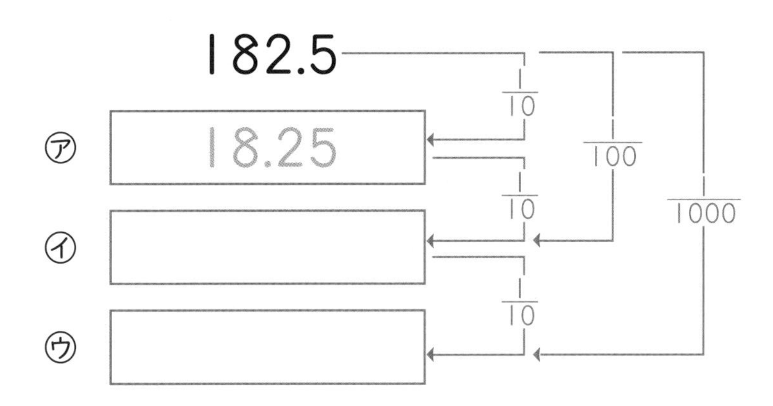


小数も整数と同じように，$\frac{1}{10}$，$\frac{1}{100}$，$\frac{1}{1000}$，…にすると，位はそれぞれ1けた，2けた，3けた，…と，下がる。

**2** □にあてはまる数を書きましょう。

1つ4点【24点】

① 49.3を$\frac{1}{10}$にすると，小数点は左へ□けたうつり，その数は□です。

② 257.4を$\frac{1}{100}$にすると，小数点は左へ□けたうつり，その数は□です。

③ 712を$\frac{1}{1000}$にすると，小数点は左へ□けたうつり，その数は□です。

1の位取りの表で考えてみよう！

**3** 次の数を$\frac{1}{10}$にした数を書きましょう。 1つ5点【20点】

① 80 (　　　)

② 47.9 (　　　)

③ 5.4 (　　　)

④ 1.39 (　　　)

**4** 次の数を$\frac{1}{100}$にした数を書きましょう。 1つ5点【20点】

① 804 (　　　)

② 28.01 (　　　)

③ 3.69 (　　　)

④ 0.4 (　　　)

**5** 次の数を$\frac{1}{1000}$にした数を書きましょう。 1つ6点【24点】

① 240 (　　　)

② 6.5 (　　　)

③ 18.37 (　　　)

④ 0.9 (　　　)

よくできたね。おつかれさま！

答え ▶ 77ページ

# 4 直方体と立方体
# 体積の意味

月　日　10分

得点　点

**1** 1辺が1cmの立方体が何個ありますか。　1つ6点【12点】

①

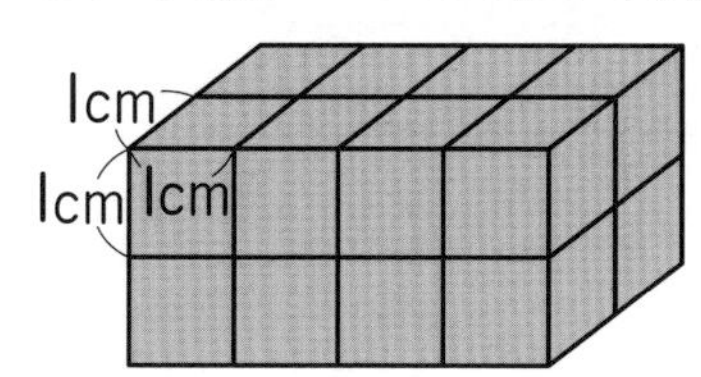


( 16個 )

②

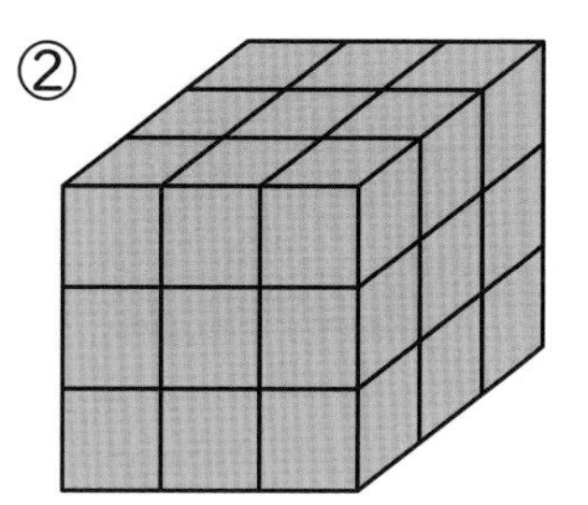

( )

たてに何個，
横に何列，
高さが何だんかを
調べよう。


**2** 1辺が1cmの立方体の積み木を使って，下の図のような形を作りました。体積は何$cm^3$ですか。　1つ8点【40点】

①

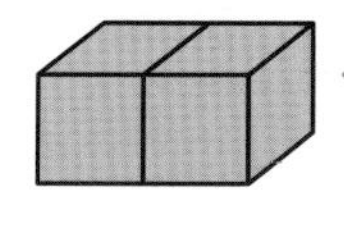

←1辺が1cmの立方体の体積は1$cm^3$

( )

②

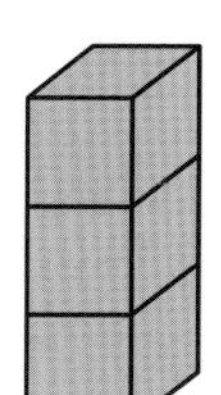

( )

③

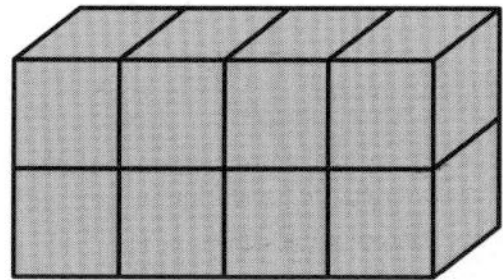

( )

④

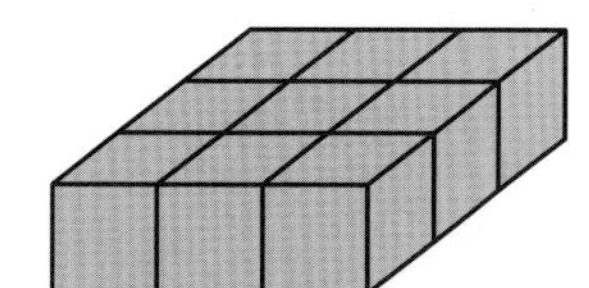

( )

⑤

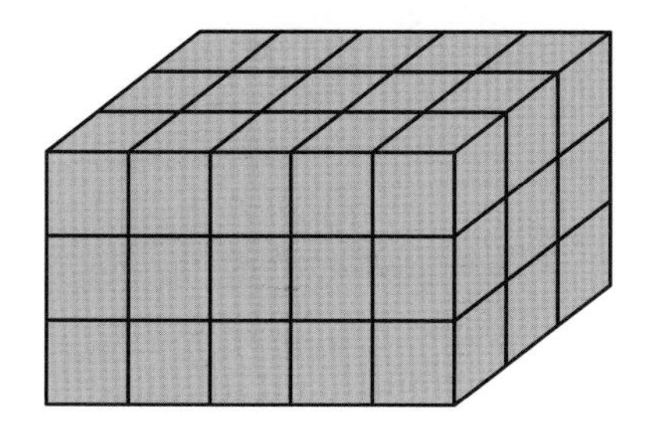

( )

1$cm^3$の積み木が
いくつあるか
考えるといいね。

**3** 1辺が1cmの立方体の積み木を使って，下の図のような形を作りました。体積は何$cm^3$ですか。

1つ8点【48点】

①

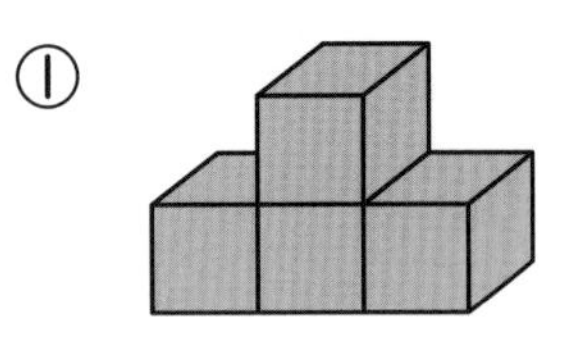

②

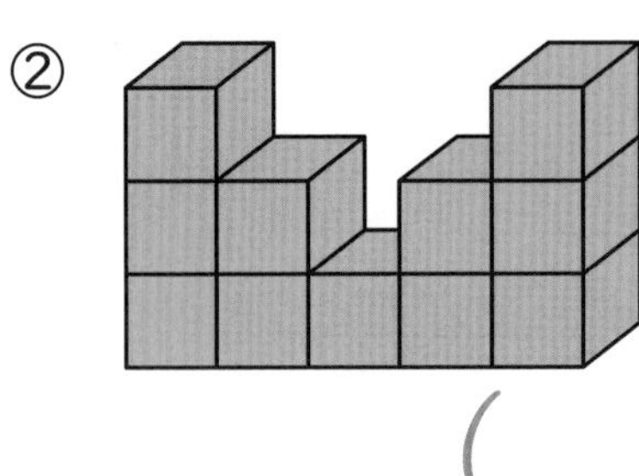

③

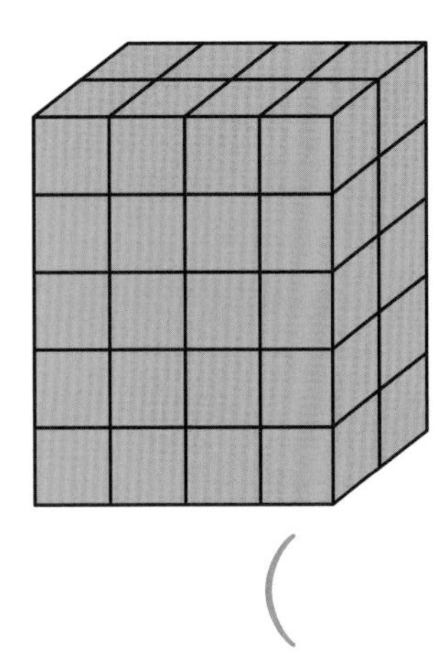

④

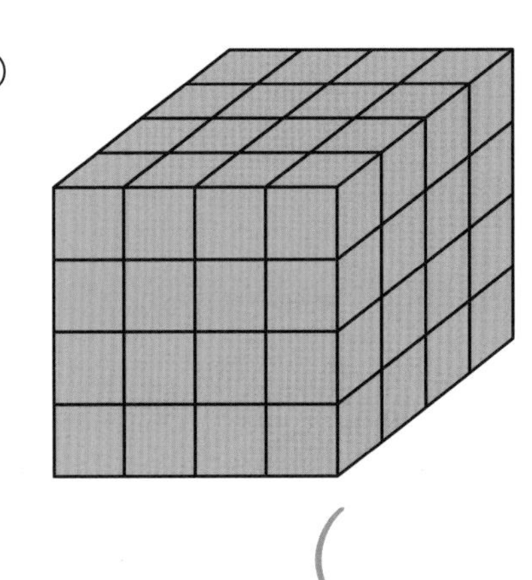

⑤

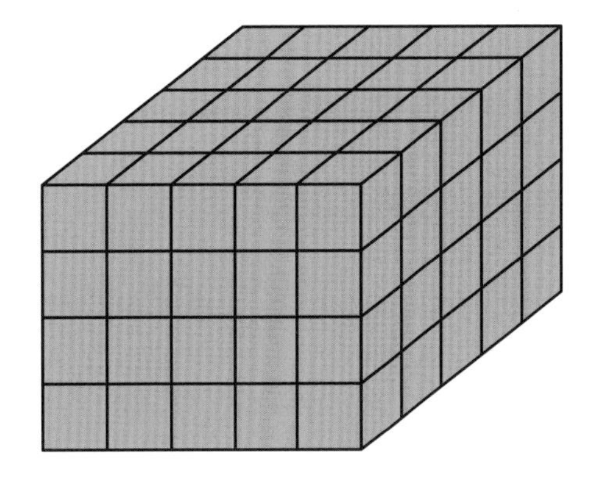

⑥

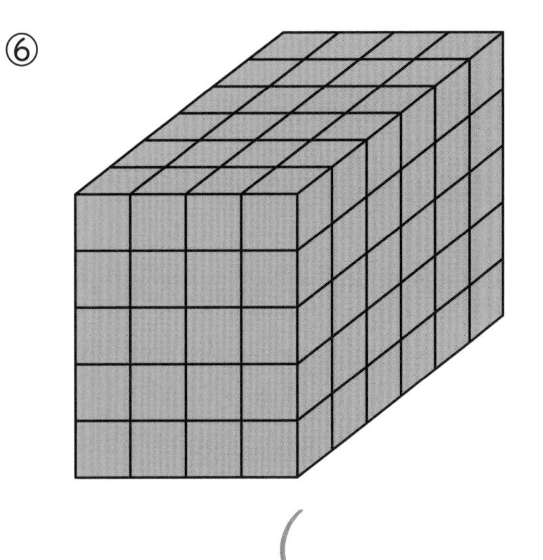

よくがんばりました。次にちょう戦だ！

答え ▶ 78ページ

# 5 直方体と立方体

## 直方体と立方体の体積

**1** 次の直方体や立方体の体積は何$cm^3$ですか。 式6点，答え6点【36点】

①

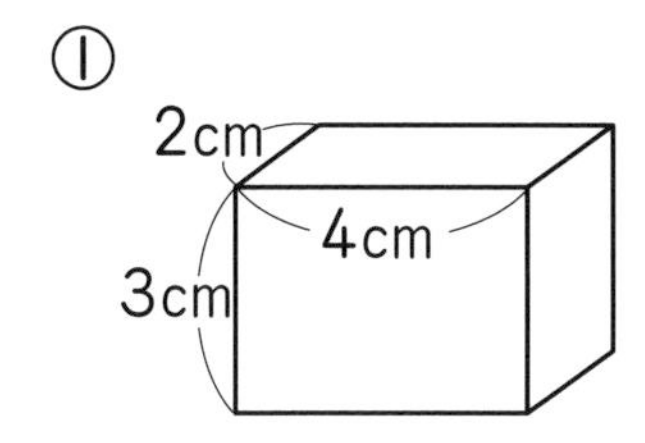


直方体の体積＝たて×横×高さ

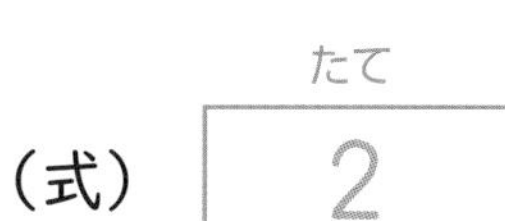


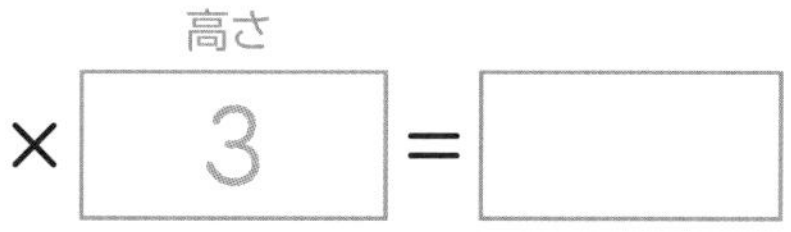


（式） 2 × 4 × 3 ＝ 

（　　　　　）

② 

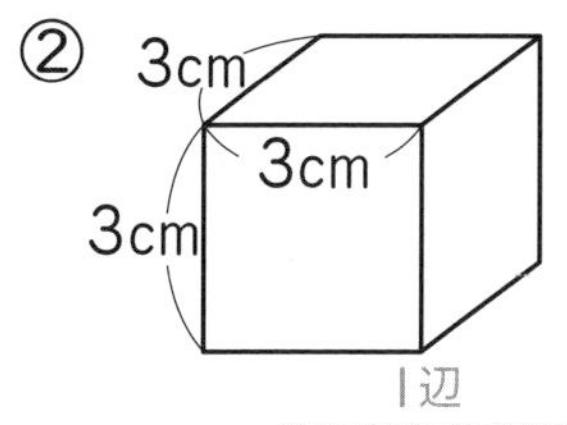


立方体の体積＝１辺×１辺×１辺

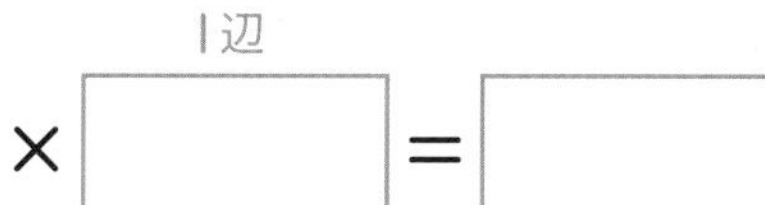


（式） 　 × 　 × 　 ＝ 

（　　　　　）

③

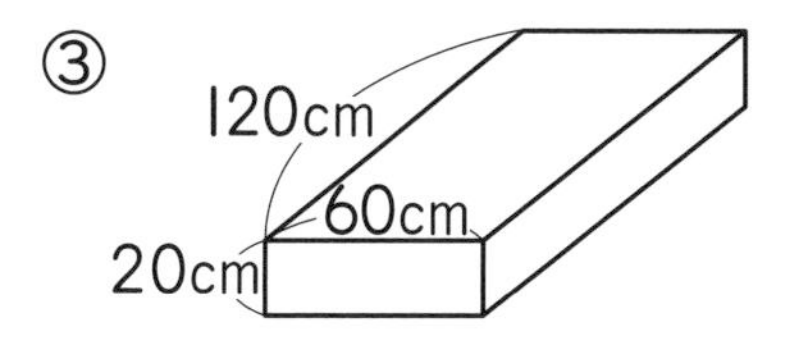


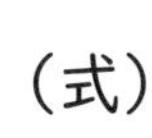

（式） 　 × 　 × 　 ＝ 

直方体の体積の求め方を使おう！

（　　　　　）

**2** ①，②は，直方体や立方体の体積を求める公式です。□にあてはまることばを書きましょう。 1つ4点【8点】

① 直方体の体積＝□×□×□

② 立方体の体積＝□×□×□

**3** 次の直方体や立方体の体積は何$cm^3$ですか。 式7点，答え7点【56点】

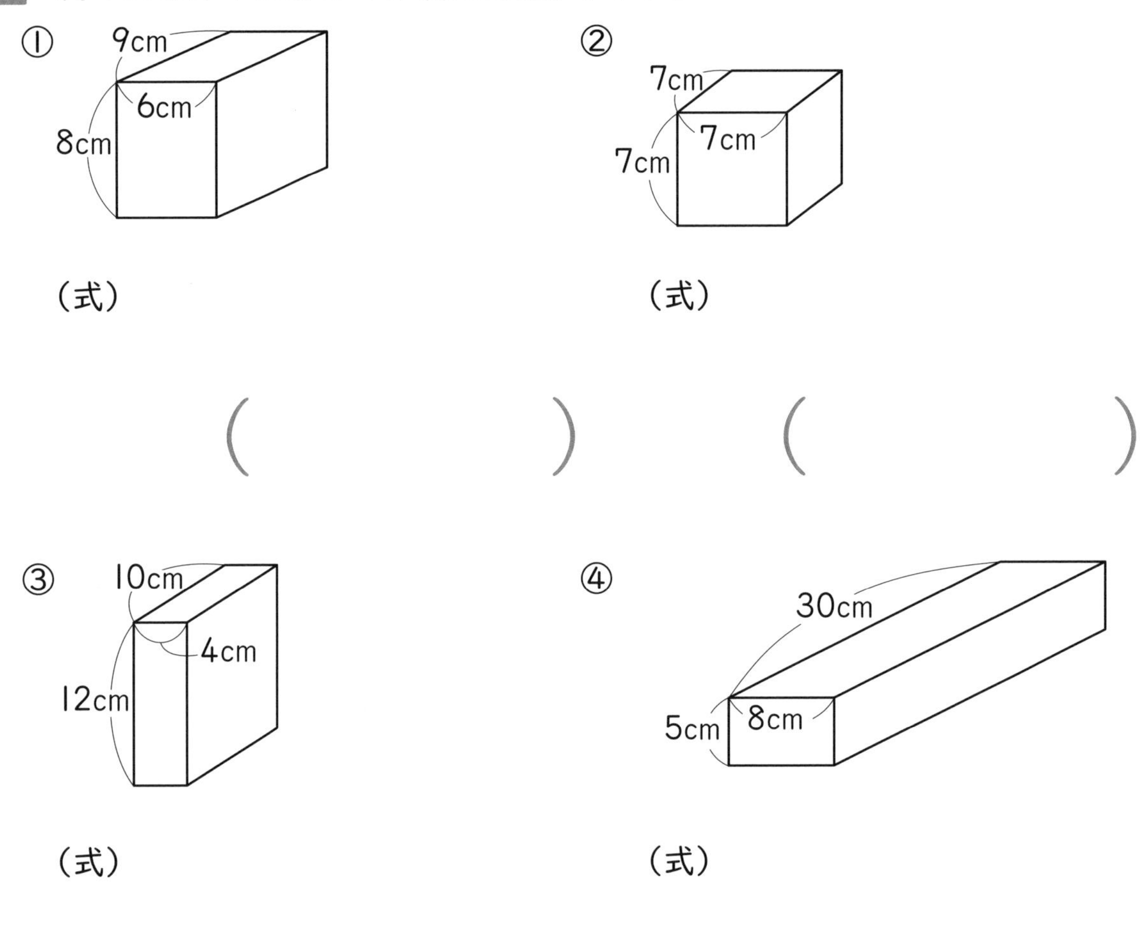


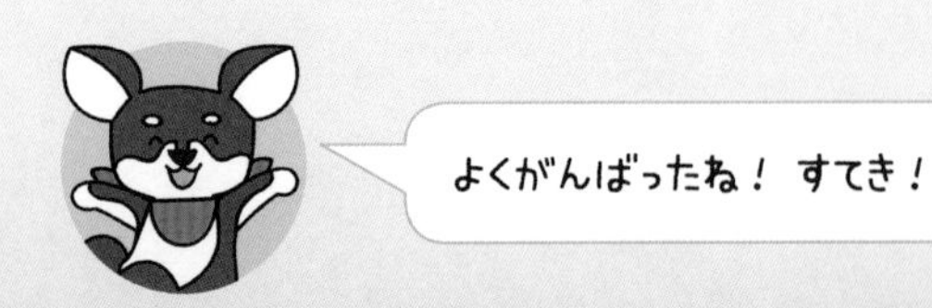


答え ▶ 78ページ

# 6 直方体と立方体
# いろいろな形の体積

月　日
得点
点
もくひょう 15分

**1** 右の図のような形の体積を，3つの考え方で求めましょう。　式6点，答え6点【36点】

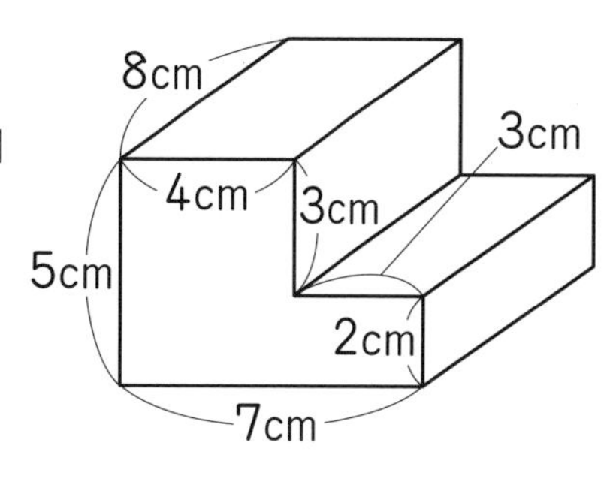


① ㋐＋㋑

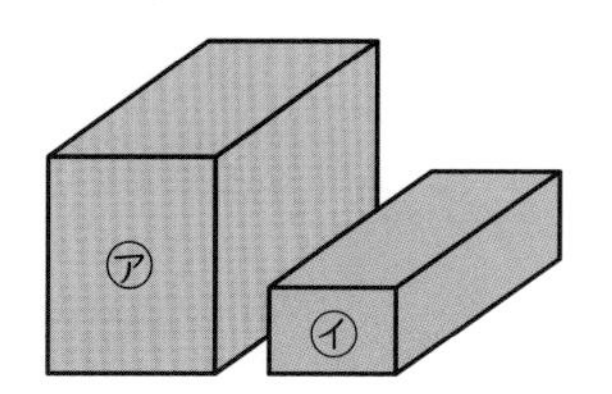


㋐と㋑の2つの直方体に分ける。

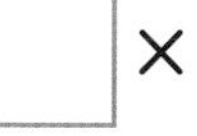

（式）㋐の体積…［8］×［4］×［5］＝［　］

㋑の体積…［　］×［　］×［　］＝［　］

㋐＋㋑……［　］＋［　］＝［　］

（　　　　）

② ㋒＋㋓

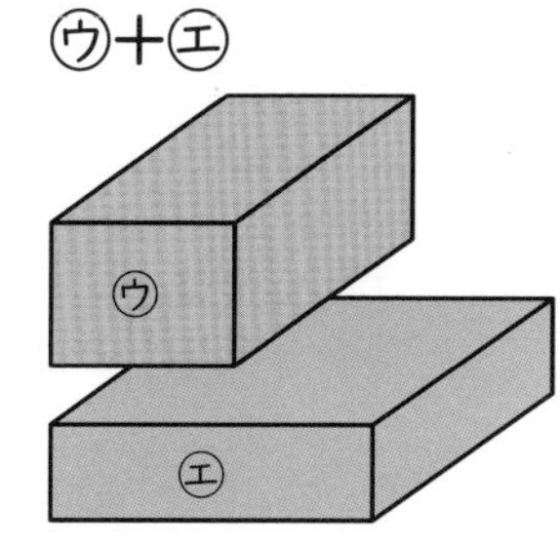


㋒と㋓の2つの直方体に分ける。（式）

（　　　　）

③ ㋔－㋕

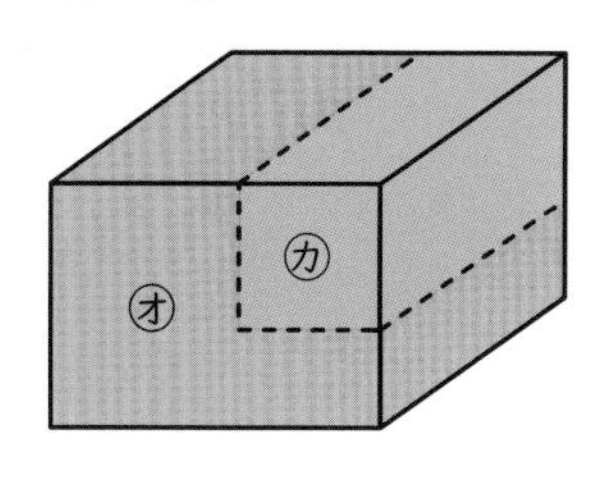


全体を大きな直方体㋔と考えて，そこから㋕の直方体をとる。

（式）

（　　　　）

求めやすいと思った考え方を使えばいいよ。

## 2 下の図のような形の体積を求めましょう。

式8点，答え8点【64点】

①

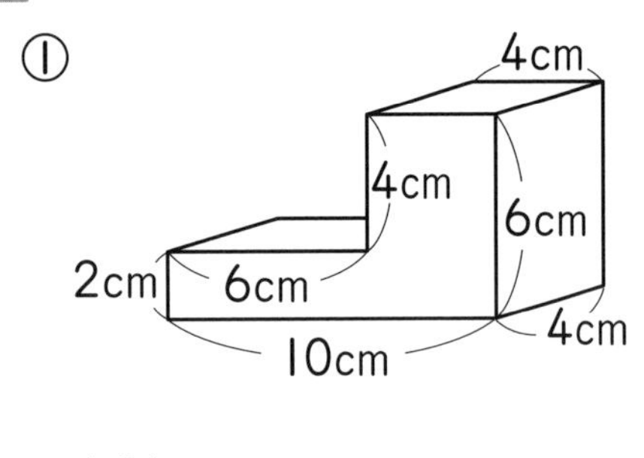


（式）

（　　　　　　）

②

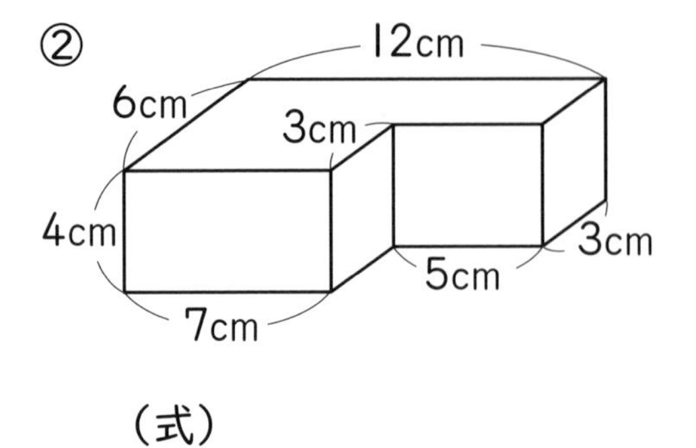


（式）

（　　　　　　）

③

9cm
3cm
5cm
2cm
5cm
2cm
3cm

（式）

（　　　　　　）

④

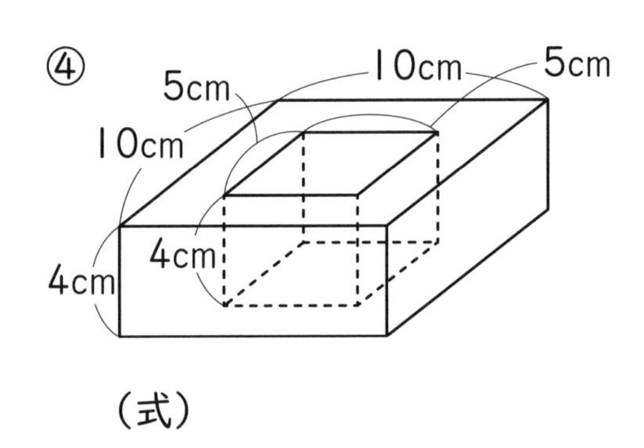


（式）

（　　　　　　）

式はうまく立てられたかな？

答え ▶ 78ページ

# 7 直方体と立方体
# メートル法

**1** 次の表は，長さの単位と面積・体積の単位の関係をまとめたものです。
ⓐにあてはまる数，ⓘにあてはまる単位を書きましょう。　　1つ6点【12点】

| 1辺の長さ | 1cm | — | 10cm | 1m |
|---|---|---|---|---|
| 正方形の面積 | 1 $cm^2$ | — | 100 $cm^2$ | 1 $m^2$ |
| 立方体の体積 | 1 $cm^3$ | 100 $cm^3$ |  ⓐ $cm^3$ | 1 $m^3$ |
|  | 1mL | 1dL | 1L | 1 ⓘ |

ⓐ(　　　　　)　ⓘ(　　　　　)

1辺の長さが10倍になると，
体積は何倍になるかな。


**2** 次の立方体のⓐ～ⓔにあてはまる数を書きましょう。　　1つ6点【24点】

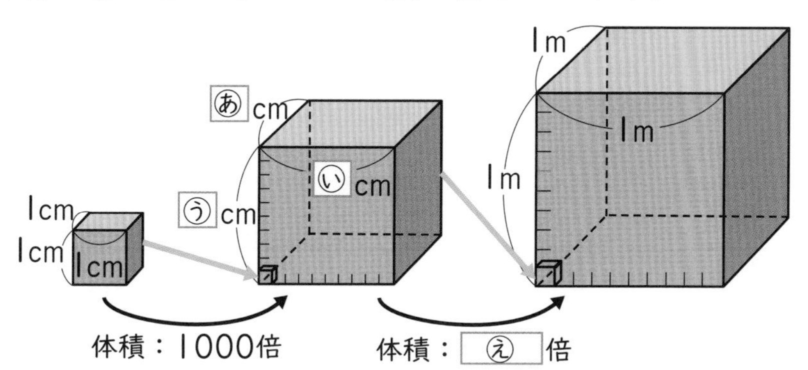


ⓐ(　　　　)　ⓘ(　　　　)　ⓤ(　　　　)　ⓔ(　　　　)

**3**  にあてはまる数を書きましょう。　　1つ4点【16点】

① 7 $m^3$ ＝ □ $cm^3$

② 6000000 $cm^3$ ＝ □ $m^3$

③ 25 $cm^3$ ＝ □ mL　④ 3L ＝ □ $cm^3$

**【単位の関係】**
1 $m^3$ ＝1000000 $cm^3$
1mL＝1 $cm^3$
1L＝1000 $cm^3$

## 4 容積の単位の関係を表す次の図の□にあてはまる数を書きましょう。

1つ6点【24点】

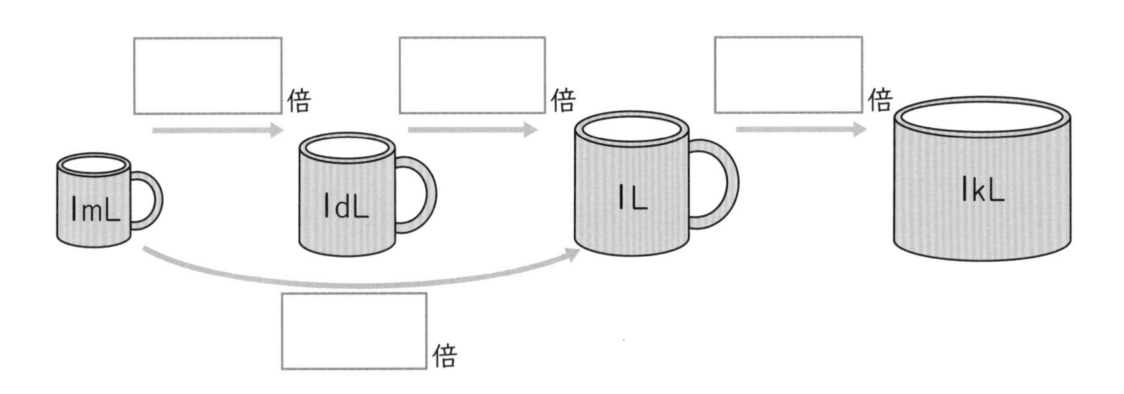


## 5 次の図の□にあてはまる数を書きましょう。

1つ6点【12点】

①

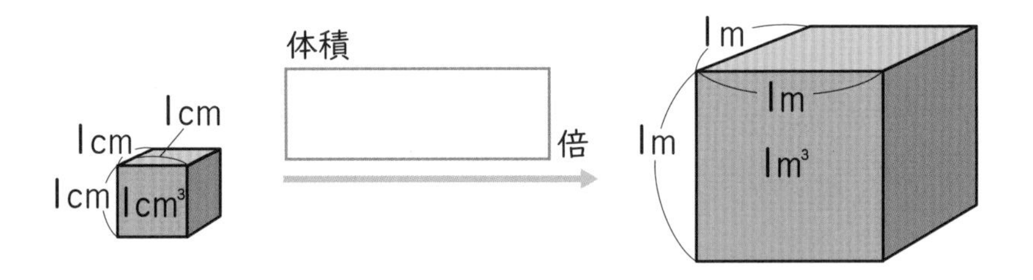


②

## 6 □にあてはまる数を書きましょう。

1つ4点【12点】

① $3m^3 =$ □ $cm^3$　② $4L =$ □ $cm^3$

③ $16000000cm^3 =$ □ $m^3$

よくがんばったね！ えらい！

答え ▶ 79ページ

# 大きな体積

## 1 次の直方体や立方体の体積は何$m^3$ですか。

式6点，答え6点【48点】

① 

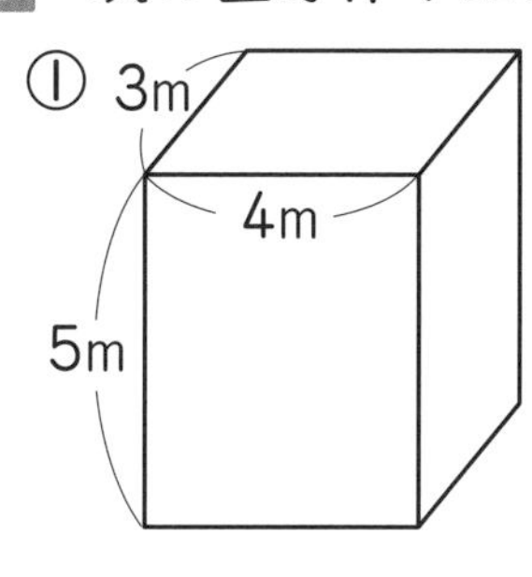


（式） たて 3 × 横 4 × 高さ 5 ＝ ☐

（　　　　　　）

② 

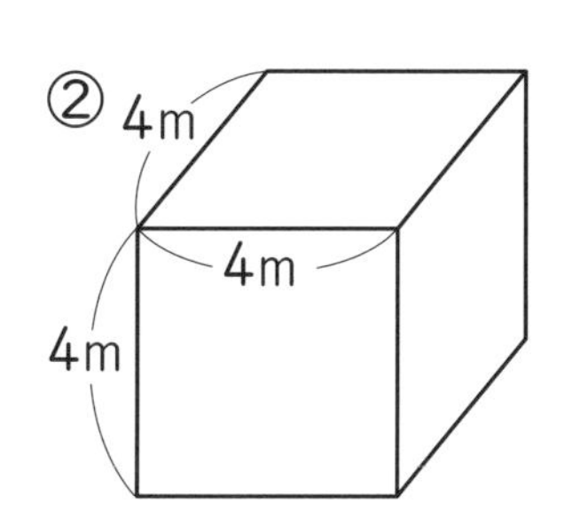


（式） 1辺 ☐ × 1辺 ☐ × 1辺 ☐ ＝ ☐

（　　　　　　）

③ 

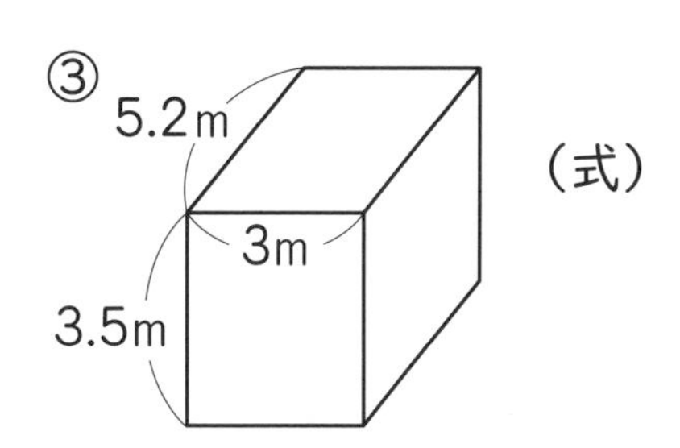


（式）

（　　　　　　）

④ 

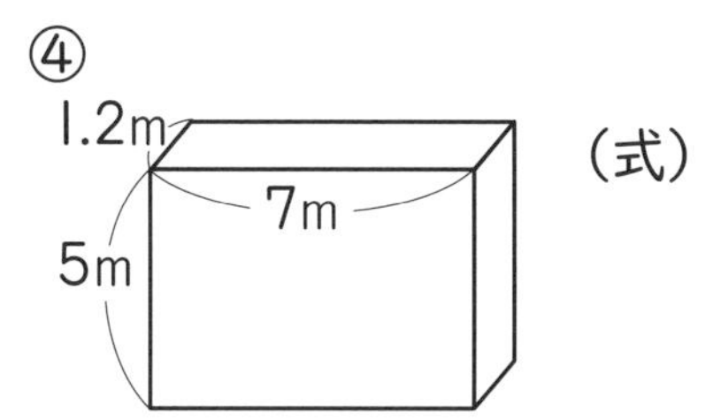


（式）

（　　　　　　）

## 2 次の直方体や立方体の体積は何$m^3$ですか。

式7点，答え6点【52点】

①

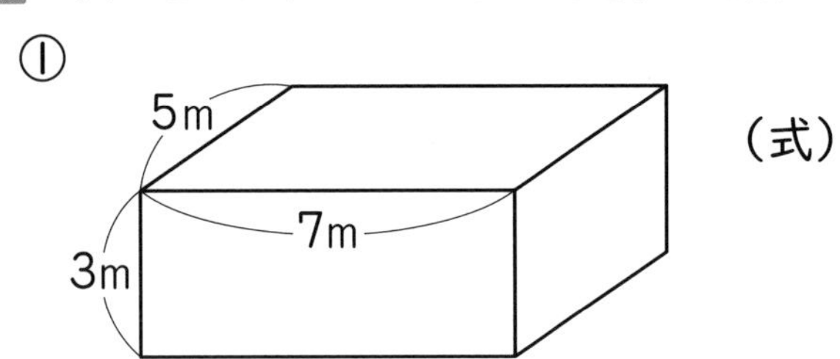


（式）

（　　　　　）

②

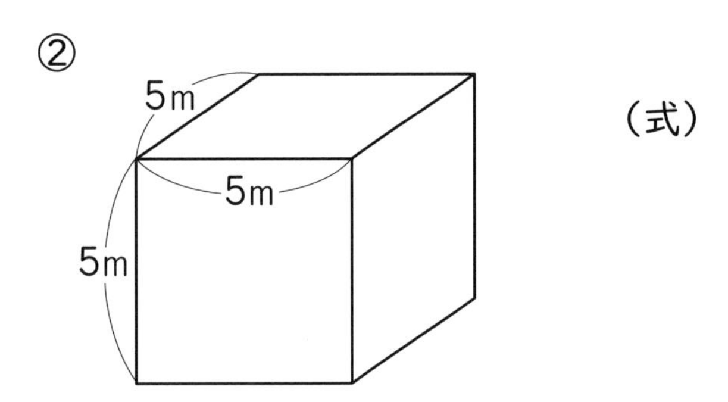


（式）

（　　　　　）

③

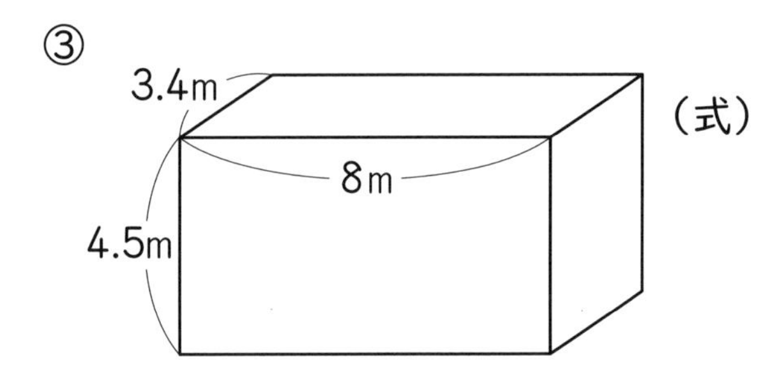


（式）

（　　　　　）

④

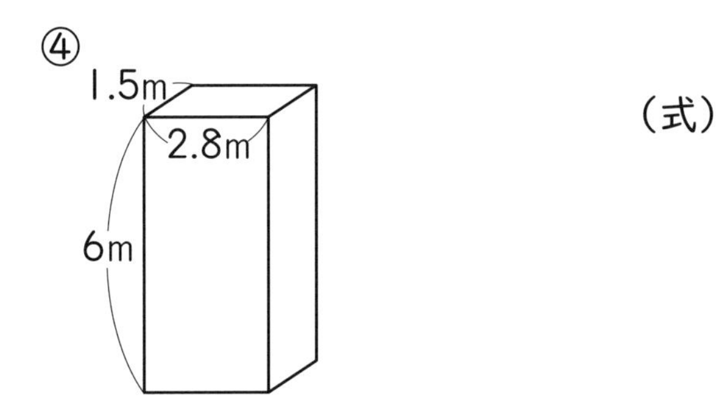


（式）

（　　　　　）

直方体，立方体はこれでバッチリ！

答え ▶ 79ページ

もくひょう 10分

月　日

得点

点

# 9 合同
# 合同な図形

**1** 合同な図形を見つけて，記号で答えましょう。 1つ6点【12点】

① ㋐の三角形と合同な三角形はどれですか。

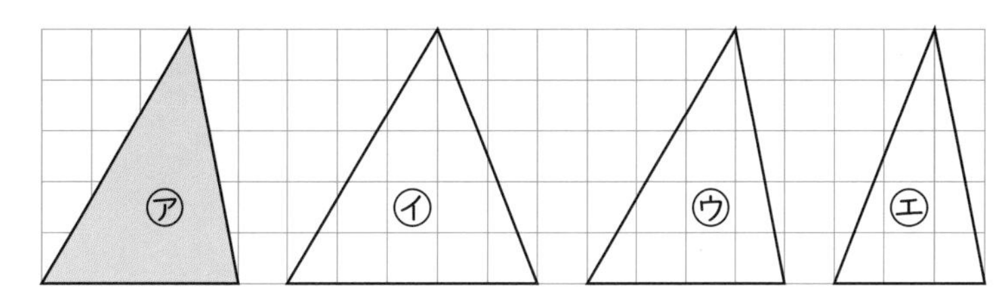


ぴったり重ね合わすことのできる2つの図形は，合同であるという。

(　　　　)

② ㋕の四角形と合同な四角形はどれですか。

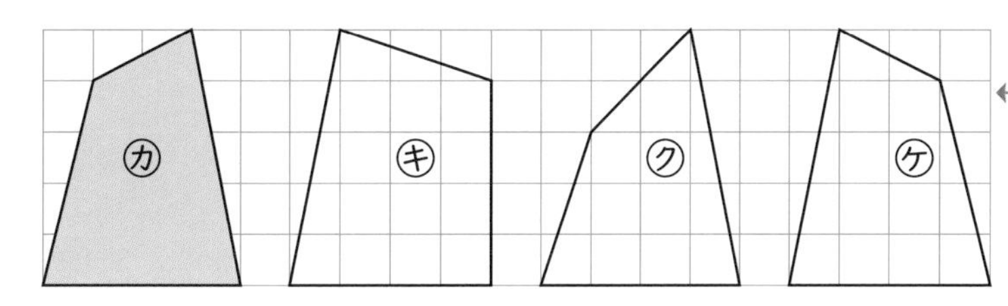


←一方をうら返しにしてぴったり重ね合わすことのできる図形も，合同であるという。

(　　　　)

**2** 下の三角形ABC(エービーシー)と三角形DEF(ディーイーエフ)は合同です。対応(たいおう)する頂点(ちょうてん)，辺，角について答えましょう。 1つ8点【24点】

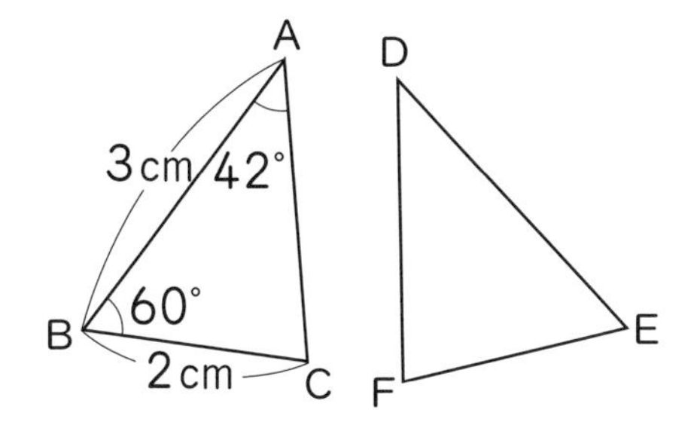


① 頂点Aに対応する頂点はどれですか。

(　　　　)

② 辺DEの長さは何cmですか。

(　　　　)

③ 角Eの大きさは何度ですか。

(　　　　)

合同な図形で，重なり合う頂点，辺，角を，それぞれ対応する頂点，対応する辺，対応する角という。

合同な図形では，対応する辺の長さや角の大きさは等しいね。

## 3 右の2つの三角形は合同です。　　1つ8点【32点】

① 頂点Bに対応する頂点はどれですか。

(　　　　)

② 辺ACに対応する辺はどれですか。

(　　　　)

A B C D E F
6cm 4cm 7cm 85° 60°

③ 辺EFの長さは何cmですか。

④ 角Dの大きさは何度ですか。

(　　　　)

## 4 右の2つの四角形は合同です。　　1つ8点【24点】

① 辺CDに対応する辺はどれですか。

② 辺EHの長さは何cmですか。

(　　　　)

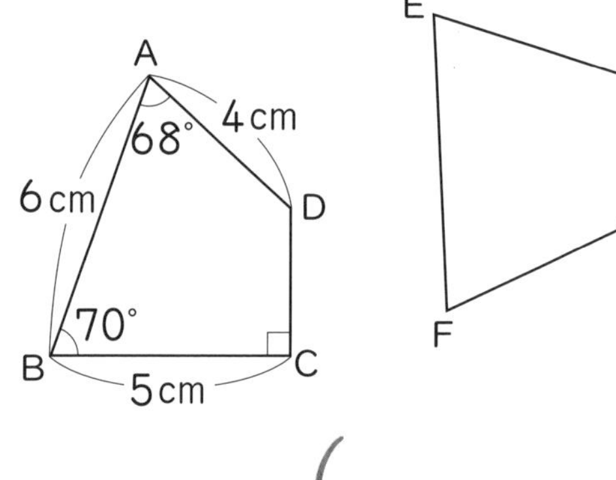


E H G F

③ 角Eの大きさは何度ですか。

## 5 右の図は，平行四辺形に2つの対角線をひいたものです。この図の中に合同な三角形は何組ありますか。　　【8点】

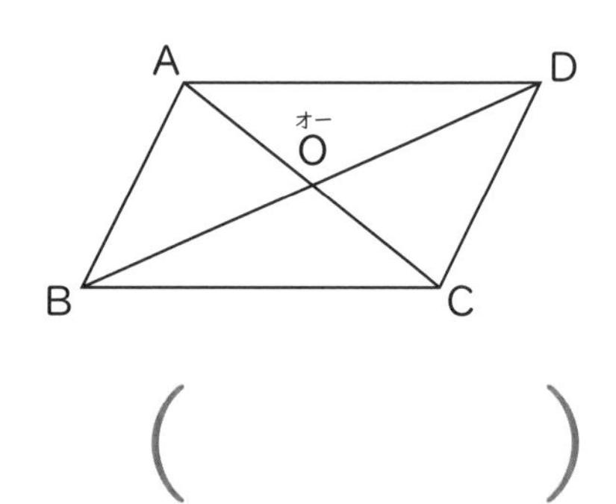


(　　　　)

よくがんばりました。次にちょう戦だ！

答え ▶ 79ページ

# 合同な三角形

月　日　もくひょう10分

得点　　点

**1** 次のような三角形を，□の中にかきましょう。　1つ20点【60点】

① 3つの辺の長さが6cm，5cm，3cmの三角形

三角形ABCとすると，
❶6cmの辺BCをかく。
❷点Bを中心として半径5cmの円をかく。
❸点Cを中心として半径3cmの円をかく。
❹2つの円の交わった点をAとして，AとB，AとCを直線で結ぶ。

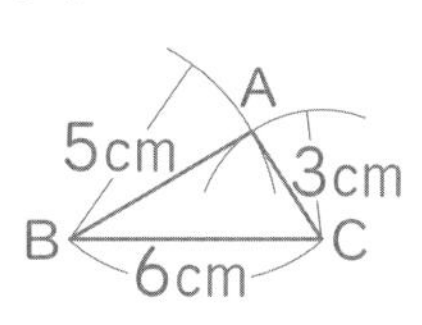


② 2つの辺の長さが4cm，3cmで，その間の角の大きさが70°の三角形

三角形ABCとすると，
❶4cmの辺BCをかく。
❷点Bを角の頂点として70°の角をかく。
❸その角の辺の上に，Bから3cmの点Aをとり，AとCを直線で結ぶ。

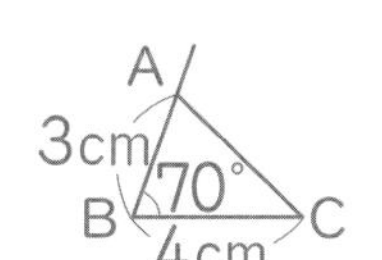


③ 1つの辺の長さが7cmで，その両はしの角の大きさが40°と60°の三角形

三角形ABCとすると，
❶7cmの辺BCをかく。
❷点Bを角の頂点として40°の角をかく。
❸点Cを角の頂点として60°の角をかく。
❹2つの角の辺が交わった点をAとする。

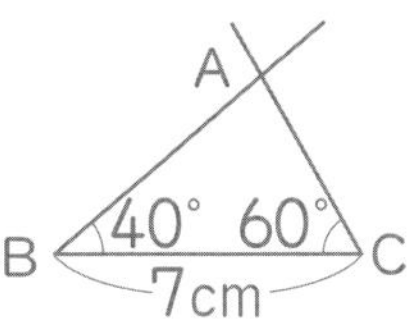

## 2 次のような四角形を，□の中にかきましょう。

1つ15点【30点】

① 下の四角形と合同な四角形EFGH

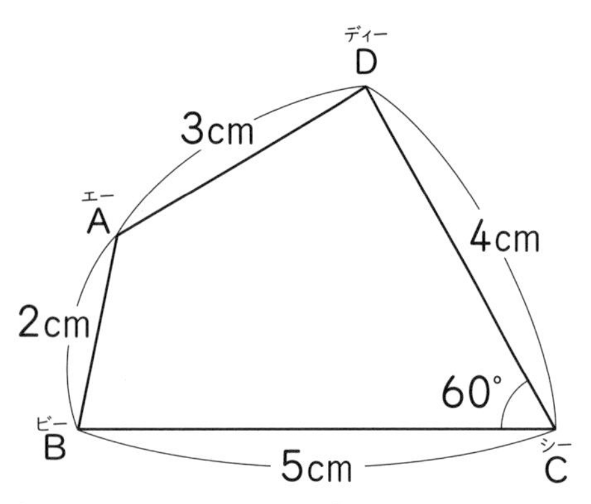


❶三角形BCDと合同な三角形FGHをかく。
❷三角形ABDと合同な三角形EFHをかく。

② 下の平行四辺形と合同な平行四辺形EFGH

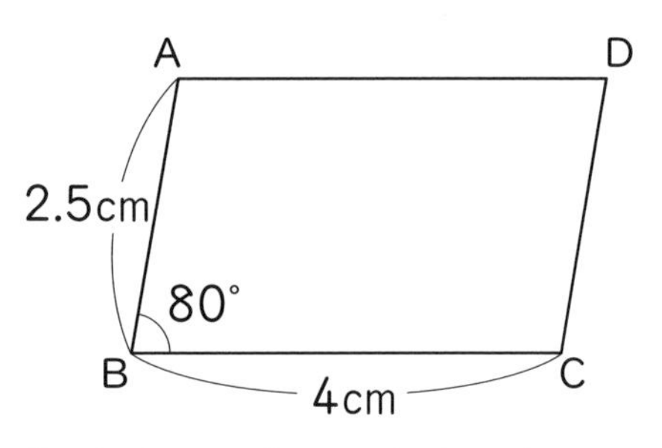


❶三角形ABCと合同な三角形EFGをかく。
❷三角形ACDと合同な三角形EGHをかく。

## 3 右の三角形ABCと合同な三角形をかくために，辺BCの長さと角Bの大きさをはかりました。次の問題に答えましょう。

1つ5点【10点】

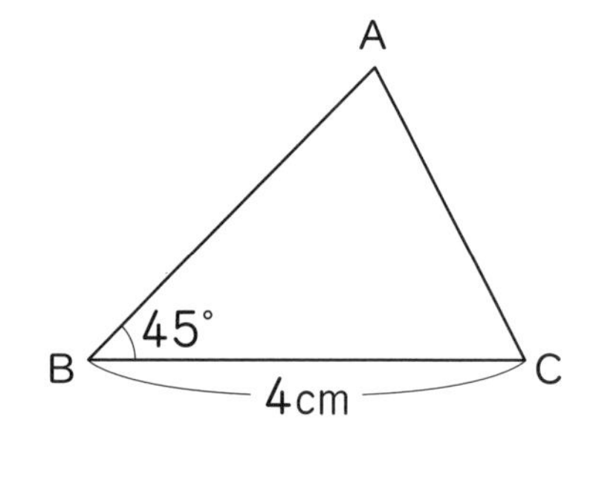


① あと，どの辺の長さをはかれば合同な三角形がかけますか。

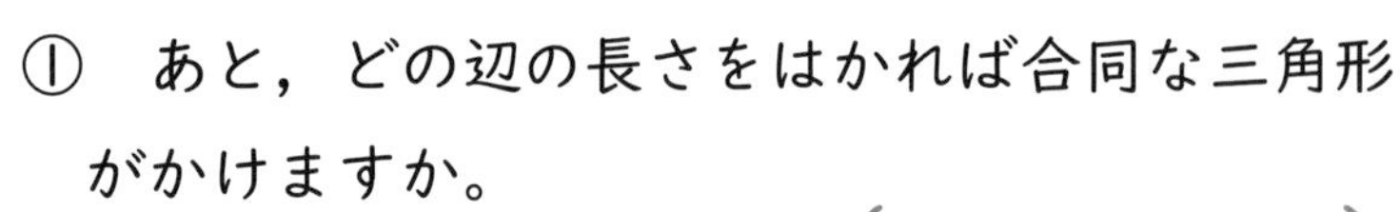

（　　　　　　）

② あと，どの角の大きさをはかれば合同な三角形がかけますか。

（　　　　　　）

答え ▶ 80ページ

もくひょう 10分

月　日

得点　　点

# 11 整数
## 偶数と奇数

**1** 下の数直線で，次の整数を○で囲みましょう。 1つ6点【12点】

① 偶数（ぐうすう）

0 1 2 3 4 5 6 7 8 9 10 11 12 13 14 15 16 17

2でわりきれる整数が偶数。
0は偶数。

② 奇数（きすう）

0 1 2 3 4 5 6 7 8 9 10 11 12 13 14 15 16 17

2でわりきれない整数が奇数。

**2** 次の整数は，偶数ですか，奇数ですか。 1つ6点【48点】

① 18 （　　　）

② 22 （　　　）

③ 35 （　　　）

④ 49 （　　　）

⑤ 100 （　　　）

⑥ 327 （　　　）

⑦ 999 （　　　）

⑧ 2003 （　　　）

**3** 次の整数は，偶数(ぐうすう)ですか，奇数(きすう)ですか。 1つ6点【12点】

① 2でわったとき，あまりが1になる整数

2でわりきれる整数は偶数だね。

(　　　)

② 一の位が偶数の整数

(　　　)

**4** どんな整数も一の位の数を見れば，偶数か奇数かを見分けることができます。□にあてはまる数を書きましょう。 1つ7点【14点】

① 偶数は，かならず一の位が□，□，□，□，□のどれかになっています。

② 奇数は，かならず一の位が□，□，□，□，□のどれかになっています。

**5** 15まいの色紙を，姉と妹の2人で分けます。次の問題に答えましょう。 1つ7点【14点】

① 姉のまい数が偶数なら，妹のまい数は偶数ですか，奇数ですか。

(　　　)

② 姉のまい数が奇数なら，妹のまい数は偶数ですか，奇数ですか。

(　　　)

毎日コツコツがんばろう！

答え ▶ 80ページ

整数

# 12 倍数，公倍数，最小公倍数

月　日
得点
点
もくひょう 10分

**1** 次の倍数を，小さいほうから順に3つ書きましょう。　1つ6点【12点】

① 4の倍数

4に整数をかけてできる数を4の倍数という。
0は，倍数には入れない。

② 10の倍数

（　　　　）　（　　　　）

**2** 下の数直線は，それぞれ2の倍数，3の倍数を表しています。次の問題に答えましょう。　1つ6点【12点】

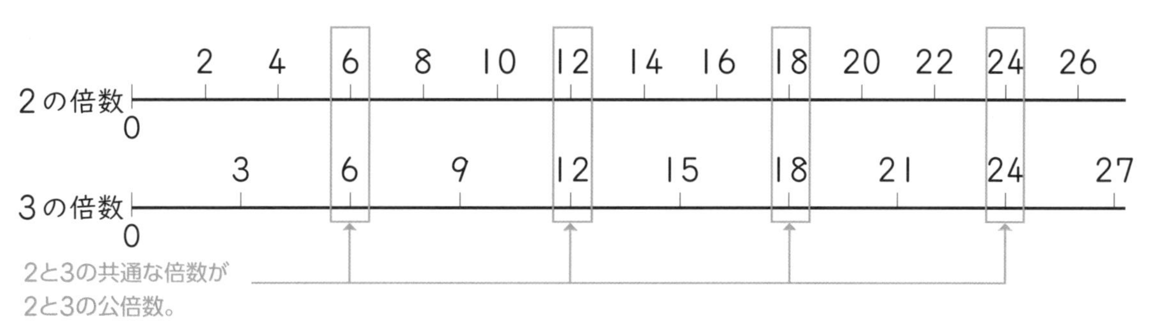


① 上の倍数の中で，2と3の公倍数を全部書きましょう。

（　　　　）

② 2と3の最小公倍数を書きましょう。

公倍数のうち，
いちばん小さい数が最小公倍数。

（　　　　）

**3** 次の〔　〕の数の公倍数を，小さいほうから順に3つ書きましょう。

1つ6点【12点】

① 〔3，4〕

② 〔2，7〕

（　　　　）　（　　　　）

**4** 1から30までの整数について答えましょう。 1つ6点【24点】

① 7の倍数を全部書きましょう。 (　　　　)

② 8の倍数は何個ありますか。 (　　　　)

③ 3の倍数は何個ありますか。 (　　　　)

④ 2の倍数でない整数は何個ありますか。 (　　　　)

**5** 次の〔　〕の数の公倍数を，小さいほうから順に3つ書きましょう。

1つ6点【12点】

① 〔2，5〕 (　　　　)

② 〔6，8〕 (　　　　)

**6** 次の〔　〕の数の最小公倍数を書きましょう。 1つ7点【28点】

① 〔2，6〕 (　　　　)

② 〔3，8〕 (　　　　)

③ 〔2，5，6〕 (　　　　)

④ 〔4，6，9〕 (　　　　)

よくがんばったね！ えらい！

答え ▶ 80ページ

整数

# 13 約数，公約数，最大公約数

もくひょう 10分

月　日

得点

点

**1** 次の数の約数を，小さいほうから順に全部書きましょう。　1つ6点【12点】

① 6

6をわりきることのできる整数を6の約数という。

② 10

(　　　　)　(　　　　)

**2** 下の数直線は，それぞれ8の約数，12の約数を表しています。次の問題に答えましょう。　1つ5点【10点】

8の約数　0　1　2　4　8

12の約数　0　1　2　3　4　6　12

8と12の共通な約数が8と12の公約数。

① 上の約数の中で，8と12の公約数を全部書きましょう。

(　　　　)

② 8と12の最大公約数を書きましょう。

公約数のうち，いちばん大きい数が最大公約数。

(　　　　)

**3** 次の〔　〕の数の公約数を全部書きましょう。　1つ6点【12点】

① 〔9，15〕

② 〔12，18〕

(　　　　)　(　　　　)

## 4 次の数から，①，②にあてはまる数を全部書きましょう。

1つ7点【14点】

| 4 | 5 | 7 | 13 | 20 | 27 |
|---|---|---|---|---|---|
| 29 | 30 | 32 | 35 | 42 | 48 |

1も約数だよ。
わすれないでね。

① 約数が2つだけの数

(　　　　)

② 約数が6つある数

(　　　　)

## 5 次の〔　〕の数の公約数を全部書きましょう。

1つ7点【14点】

① 〔6，8〕

(　　　　)

② 〔12，24〕

(　　　　)

## 6 次の〔　〕の数の最大公約数を書きましょう。

1つ7点【28点】

① 〔6，10〕

(　　　　)

② 〔9，12〕

(　　　　)

③ 〔10，15，20〕

(　　　　)

④ 〔16，24，40〕

(　　　　)

## 7 次の㋐～㋕の〔　〕の数の公約数を求めたとき，公約数が1だけになるのはどれですか。記号で答えましょう。

【10点】

㋐〔2，4〕　㋑〔3，9〕　㋒〔7，10〕
㋓〔8，18〕　㋔〔9，16〕　㋕〔11，22〕

(　　　　)

よくできたね。おつかれさま！

答え ▶ 81ページ

分数と小数

# 14 わり算と分数

月　日　10分

得点　点

## 1 わり算の商を，分数で表します。□にあてはまる数を書きましょう。

1つ4点【16点】

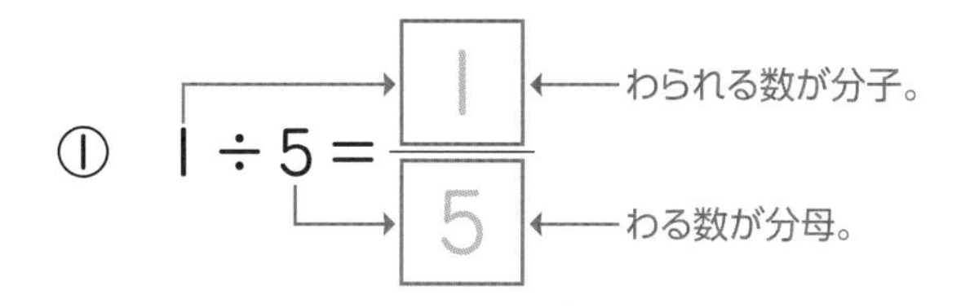


① $1 \div 5 = \frac{1}{5}$

▲÷●＝$\frac{▲}{●}$

② $3 \div 7 = \frac{□}{□}$　③ $5 \div 8 = \frac{□}{□}$　④ $7 \div 5 = \frac{□}{□}$

## 2 分数を小数で表します。□にあてはまる数を書きましょう。

1つ4点【20点】

① $\frac{2}{5} = 2 \div 5 = 0.4$

分数を小数で表すには，分子を分母でわる。

$\frac{▲}{●}$＝▲÷●

② $\frac{1}{3} = 1 \div 3 = 0.333\cdots$　③ $\frac{1}{2} = 1 \div 2 = □$

④ $\frac{5}{4} = 5 \div 4 = □$　⑤ $\frac{5}{6} = 5 \div 6 = □$

②のように，分数には，小数で正確(せいかく)に表せないものがあるよ。

**3** わり算の商を，分数で表しましょう。　1つ5点【20点】

① 4÷7　(　　　)

② 1÷9　(　　　)

③ 5÷3　(　　　)

④ 9÷5　(　　　)

**4** 次の分数と，商が等しくなるわり算の式を下の□から選んで記号で答えましょう。　1つ4点【12点】

① $\frac{4}{5}$　(　　　)

② $\frac{1}{4}$　(　　　)

③ $\frac{18}{7}$　(　　　)

| | | |
|---|---|---|
| ア　4÷5 | イ　5÷4 | ウ　1÷4 |
| エ　4÷1 | オ　7÷18 | カ　18÷7 |

**5** □にあてはまる数を書きましょう。　1つ4点【32点】

① $\frac{2}{3}=2\div\square$

② $\frac{5}{6}=5\div\square$

③ $\frac{7}{4}=7\div\square$

④ $\frac{5}{12}=5\div\square$

⑤ $\frac{7}{8}=\square\div\square$

⑥ $\frac{8}{7}=\square\div\square$

よくがんばりました。次にちょう戦だ！

答え ▶ 81ページ

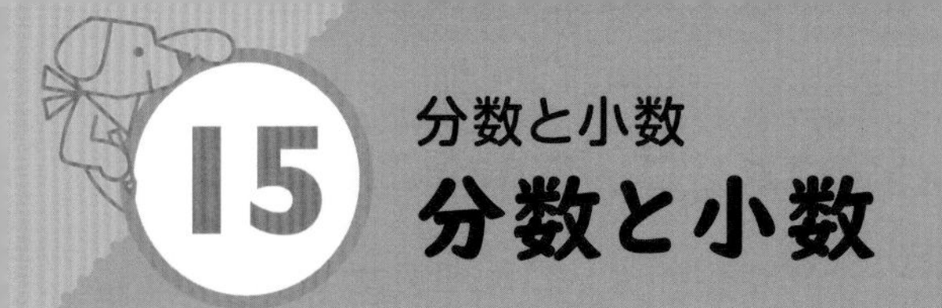

# 15 分数と小数

## 分数と小数

月　日　もくひょう 10分

得点　　点

**1** 次の分数を小数で表しましょう。わりきれないときは，四捨五入して$\frac{1}{100}$の位までのがい数で表しましょう。　1つ4点【16点】

① $\frac{3}{4}$　（　　　）

② $1\frac{4}{5}$　（　　　）

③ $\frac{1}{6}$　（　　　）

④ $1\frac{5}{8}$　（　　　）

**2** 小数や整数を分数で表します。□にあてはまる数を書きましょう。　1つ4点【24点】

小数は，分母が10，100などの分数で表す。
整数は，1を分母とする分数で表す。

① $0.3 = \frac{\square}{10}$

② $0.19 = \frac{\square}{100}$

③ $4 = \frac{\square}{1}$

④ $1.7 = \frac{\square}{10}$

$0.1 = \frac{1}{10}$，$0.01 = \frac{1}{100}$だね。

⑤ $0.51 = \frac{\square}{100}$

⑥ $18 = \frac{\square}{1}$

## 3 次の分数を小数で表しましょう。わりきれないときは，四捨五入(ししゃごにゅう)して$\frac{1}{100}$の位までのがい数で表しましょう。

1つ5点【20点】

① $\frac{7}{8}$　（　　　）

② $\frac{2}{3}$　（　　　）

③ $1\frac{5}{6}$　（　　　）

④ $2\frac{9}{16}$　（　　　）

## 4 数の大きさを比(くら)べます。大きいほうの数を書きましょう。

1つ5点【20点】

① $\frac{1}{4}$，0.26　（　　　）

↑分数を小数になおして比べる。

② $\frac{3}{5}$，0.65　（　　　）

③ $\frac{3}{8}$，0.37　（　　　）

④ 0.58，$\frac{4}{7}$　（　　　）

## 5 次の小数を分数で表しましょう。

1つ5点【20点】

① 0.9　（　　　）

② 0.04　（　　　）

③ 0.385　（　　　）

④ 1.21　（　　　）

約分できるときは約分しよう。

分数と小数の関係はわかったかな？

答え ▶ 81ページ

# 16 分数と小数
# 時間と分数

もくひょう 10分

月　日

得点

点

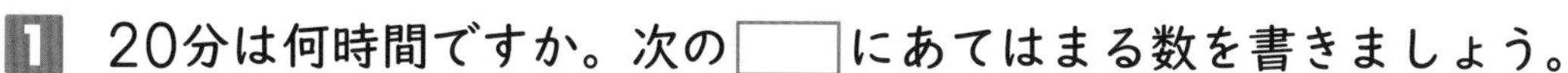

**1** 20分は何時間ですか。次の□にあてはまる数を書きましょう。

1つ4点【24点】

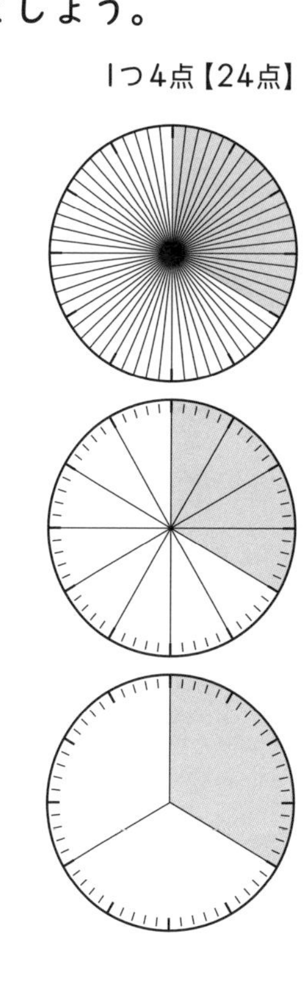

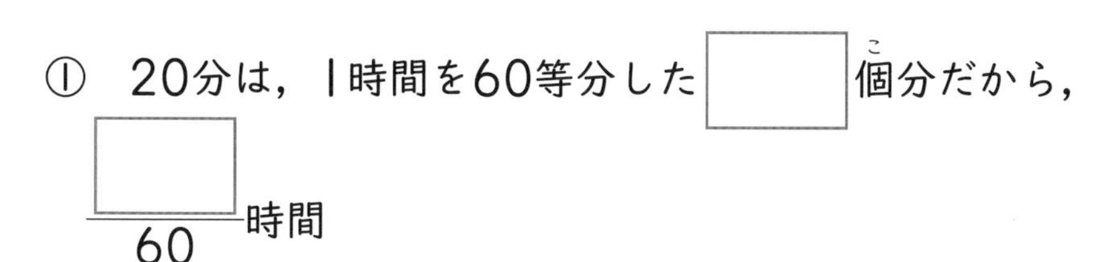

① 20分は，1時間を60等分した□個分だから，

$\frac{\square}{60}$時間

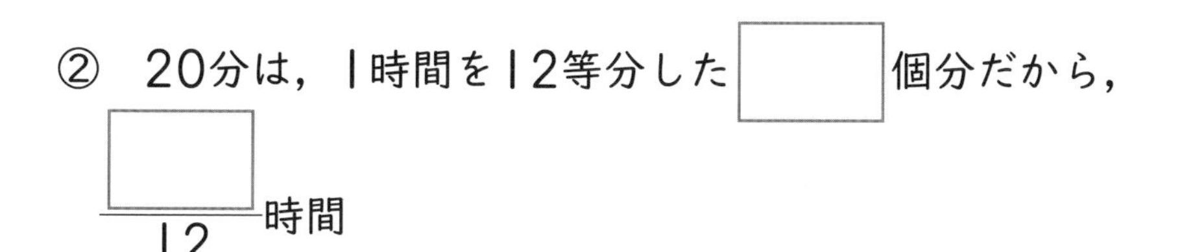

② 20分は，1時間を12等分した□個分だから，

$\frac{\square}{12}$時間

③ 20分は，1時間を3等分した□個分だから，

$\frac{\square}{3}$時間



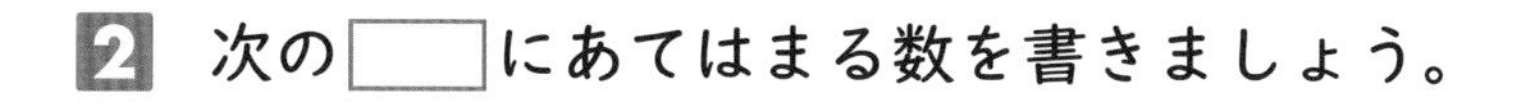

**2** 次の□にあてはまる数を書きましょう。

1つ4点【32点】

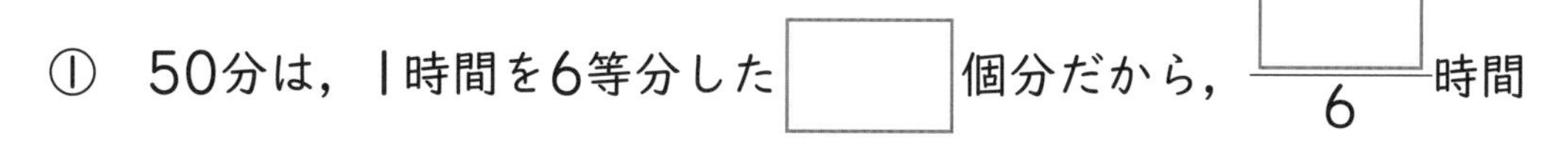

① 50分は，1時間を6等分した□個分だから，$\frac{\square}{6}$時間

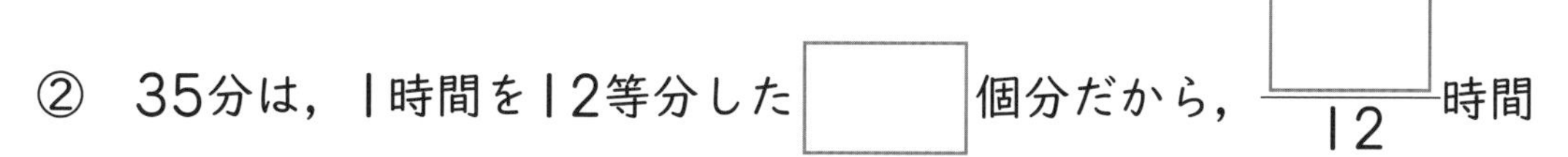

② 35分は，1時間を12等分した□個分だから，$\frac{\square}{12}$時間

③ 40秒は，1分を3等分した□個分だから，$\frac{\square}{3}$分

④ 15秒は，1分を4等分した□個分だから，$\frac{\square}{4}$分

**3** 右の時計は，１時間で１回りします。次の□にあてはまる数を書きましょう。 1つ4点【12点】

① 右の図の色のついた部分は，□分を表しています。

② 右の図の色のついた部分は，１時間を□等分した3個分だから，□時間を表しています。

**4** 右の時計は，１分で１回りします。次の□にあてはまる数を書きましょう。 1つ4点【12点】

① 右の図の色のついた部分は，□秒を表しています。

② 右の図の色のついた部分は，１分を□等分して考えると，2個分だから，□分を表しています。

**5** 次の□にあてはまる数を書きましょう。 1つ5点【20点】

① 12分＝□時間

② 45秒＝□分

③ 80分＝□時間

④ 150秒＝□分

分数で答えるときは約分をわすれないようにしよう！

アプリに点数を登録しよう！

答え ▶ 81ページ

# 17 平均の表し方

**1** 次の量の平均(へいきん)を求めましょう。　式7点，答え7点【42点】

① 今週の欠席者の数は，１日平均何人ですか。

【5年生の今週の欠席者の数】

| 曜日 | 月 | 火 | 水 | 木 | 金 |
|---|---|---|---|---|---|
| 人数（人） | 4 | 1 | 3 | 2 | 6 |

平均＝合計÷個(こ)数

欠席者の数の合計　今週の日数

（式）（ 4＋1＋3＋2＋6 ）÷ 5 ＝ □

（　　　）

② めぐみさんが借りた本の数は，１か月に平均何さつですか。

【めぐみさんが借りた本の数】

| 月 | 4月 | 5月 | 6月 | 7月 | 8月 | 9月 |
|---|---|---|---|---|---|---|
| 本の数（さつ） | 5 | 3 | 0 | 7 | 4 | 2 |

0さつの月も月数の中に入れて計算しよう。

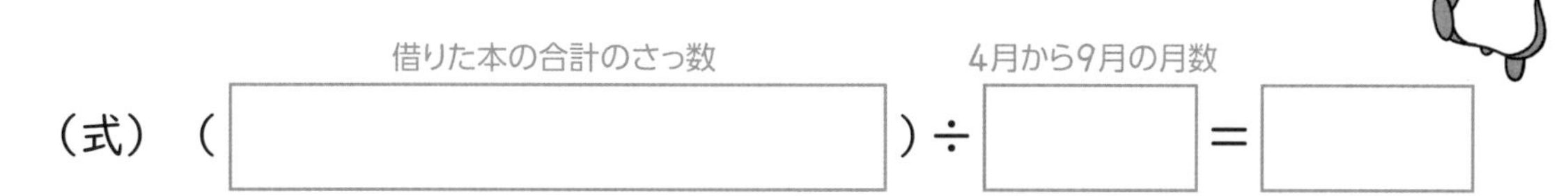

借りた本の合計のさっ数　4月から9月の月数

（式）（ □ ）÷ □ ＝ □

（　　　）

③ 73cm，86cm，79cm，92cm

（式）

（　　　）

**2** 3.5m，4.2m，5.1m，3.9m，4.8mの平均（へいきん）を求めましょう。

（式）　　式7点，答え7点【14点】

（　　　　　　）

**3** 右の表は，たつやさんの1月と2月の計算テストの成績（せいせき）です。成績の平均で比（くら）べると，成績がよいといえるのは，どちらの月ですか。　式7点，答え7点【14点】

【たつやさんの計算テストの成績】

| | | | | | |
|---|---|---|---|---|---|
| 1月 | 76点 | 81点 | 93点 | 86点 | 69点 |
| 2月 | 90点 | 78点 | 83点 | 71点 | |

（式）

（　　　　　　）

**4** はじめさんの家から学校までの道のりを歩はばではかったら350歩ありました。はじめさんの歩はばの平均は約0.62mです。家から学校までは約何mありますか。上から2けたのがい数で求めましょう。　式7点，答え7点【14点】

（式）

（　　　　　　）

**5** 右の表は，5年1組と2組の男子のソフトボール投げの成績です。1組と2組をあわせた5年男子全体の平均は約何mですか。$\frac{1}{10}$の位までのがい数で求めましょう。　式8点，答え8点【16点】

【ソフトボール投げの成績】

| | 人数 | 投げた長さの平均 |
|---|---|---|
| 1組 | 16人 | 25.3m |
| 2組 | 14人 | 26.5m |

（式）

（　　　　　　）

よくがんばったね！　えらい！

答え ▶ 82ページ

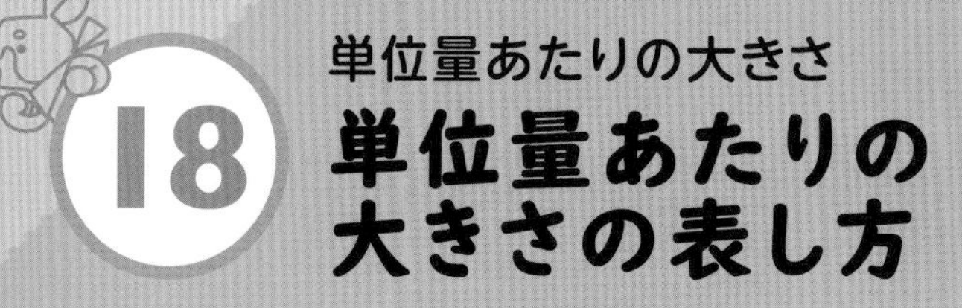

# 18 単位量あたりの大きさの表し方

**1** 右の表は，2つの公園の面積とそこで遊んでいた子どもの人数を表しています。式6点，答え6点【24点】

【公園の面積と子どもの人数】

| | 面積($m^2$) | 子ども(人) |
|---|---|---|
| 東公園 | 500 | 40 |
| 西公園 | 600 | 50 |

① 1人あたりの面積で比べると，こんでいるのはどちらの公園ですか。

（式） 東公園…［500］÷［40］＝［　］
（東公園の面積）（東公園で遊んでいた子どもの人数）

西公園…［　］÷［　］＝［　］
（西公園の面積）（西公園で遊んでいた子どもの人数）

（　　　）

② 1$m^2$あたりの人数で比べると，こんでいるのはどちらの公園ですか。

（式） 東公園…［　］÷［　］＝［　］
（東公園で遊んでいた子どもの人数）（東公園の面積）

西公園…［　］÷［　］＝［　］
（西公園で遊んでいた子どもの人数）（西公園の面積）

（　　　）

**2** A市の人口密度を，四捨五入して上から2けたのがい数で求めましょう。式6点，答え6点【12点】

【A市の面積と人口】

| 面積($km^2$) | 人口(人) |
|---|---|
| 404 | 358512 |

（式）［　］÷［　］＝［　］
（人口）（面積）

（　　　）

1$km^2$あたりの人口が人口密度だね。
答えは，上から3けた目を四捨五入しよう。

**3** 右の表は，5年1組と2組の学級園の面積と植えてある球根の数を表しています。球根がこんでいるのはどちらの組の学級園ですか。1m²あたりの球根の数で比(くら)べましょう。 式7点，答え7点【14点】

【学級園の面積と球根の数】

| | 面積(m²) | 個(こ)数(個) |
|---|---|---|
| 1組 | 24 | 120 |
| 2組 | 30 | 144 |

（式）

（　　　　）

**4** 10さつで1100円のノートと，8さつで920円のノートでは，どちらのノートが高いといえますか。1さつあたりのねだんで比べましょう。

式7点，答え7点【14点】

（式）

（　　　　）

**5** A(エー)の自動車は48Lのガソリンで600km，B(ビー)の自動車は40Lのガソリンで520km走ります。 式6点，答え6点【36点】

① ガソリンの使用量のわりに走れる道のりが長いのは，どちらの自動車ですか。

（式）

（　　　　）

② Aの自動車は250km走るのにガソリンを何L使いますか。

（式）

（　　　　）

③ Bの自動車は35Lのガソリンでは何km走れますか。

（式）

（　　　　）

よくできたね。おつかれさま！

答え ▶ 82ページ

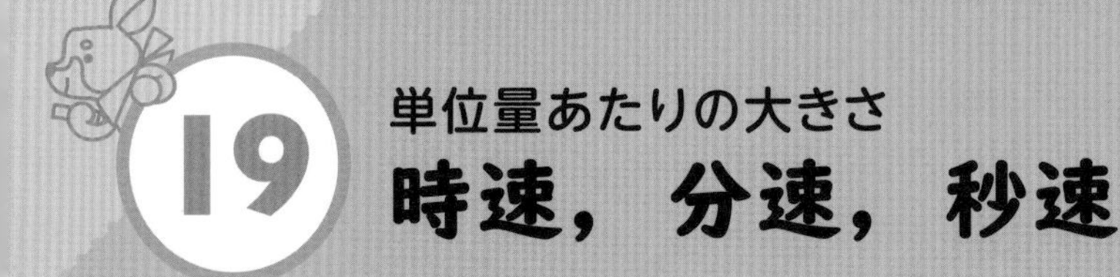

# 19 単位量あたりの大きさ
# 時速，分速，秒速

月　日　15分

得点　　点

**1** 次の速さを求めましょう。　式5点，答え5点【40点】

速さ＝道のり÷時間

① 4時間に200km走るトラックの時速（1時間に進む道のりで表した速さ）

（式）道のり 200 ÷ 時間 4 ＝ □

（　　　　）

② 930mを15分間で歩いた人の分速（1分間に進む道のりで表した速さ）

（式）道のり □ ÷ 時間 □ ＝ □

（　　　　）

③ 135mを5秒間で飛んだハトの秒速（1秒間に進む道のりで表した速さ）

（式）道のり □ ÷ 時間 □ ＝ □

（　　　　）

④ 180kmを2.5時間で走る電車の時速

（式）□ ÷ □ ＝ □

（　　　　）

時間が小数で表されていても，
速さの公式が使えるね。

## 2 次の速さを求めましょう。

式5点，答え5点【60点】

① 5時間に270km走る自動車の時速

（式）

（　　　　）

② 24分間に6000m走る自転車の分速

（式）

（　　　　）

③ 360mを12秒間で走ったチーターの秒速

（式）

（　　　　）

④ 440kmを1.6時間で走るレーシングカーの時速

（式）

（　　　　）

⑤ 2100mを4.2分で走るミニバイクの分速

（式）

（　　　　）

⑥ 1200mを1分15秒で泳いだイルカの秒速

（式）

（　　　　）

がんばりました。次にちょう戦だ！

答え ▶ 82ページ

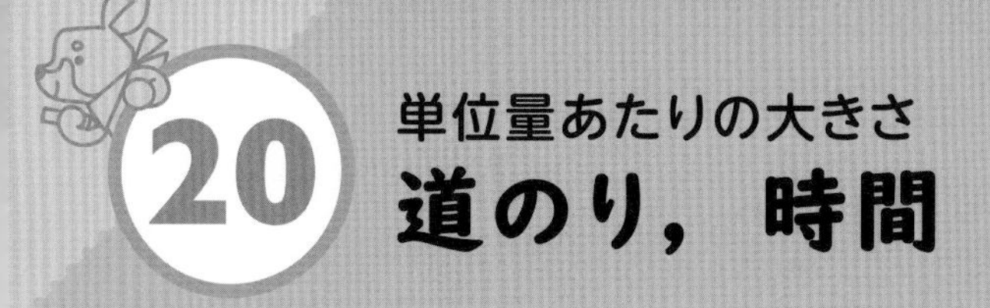

# 20 単位量あたりの大きさ
# 道のり，時間

月　日　得点　点

もくひょう 15分

**1** 次の道のりや時間を求めましょう。　式5点，答え5点【40点】

① 時速280kmの新幹線(しんかんせん)が2時間に進む道のり

道のり＝速さ×時間

（式）速さ［280］×時間［2］＝［　　］

（　　　　）

② 分速65mで歩く人が8分間に進む道のり

（式）速さ［　　］×時間［　　］＝［　　］

（　　　　）

③ 時速35kmの船が175km進むのにかかる時間

時間＝道のり÷速さ

（式）道のり［　　］÷速さ［　　］＝［　　］

（　　　　）

④ 秒速20mで走るカンガルーが500m進むのにかかる時間

（式）道のり［　　］÷速さ［　　］＝［　　］

（　　　　）

道のりと速さを逆に
しないように注意しよう！

## 2 次の道のりや時間を求めましょう。

式5点，答え5点【60点】

① 時速38kmのバスが4時間に進む道のり

（式）

（　　　　）

② 分速0.2kmの自転車が50分間に進む道のり

（式）

（　　　　）

③ 秒速15mで走るキリンが40秒間に進む道のり

（式）

（　　　　）

④ 時速45kmの自動車が180km進むのにかかる時間

（式）

（　　　　）

⑤ 分速15kmの飛行機が750km進むのにかかる時間

（式）

（　　　　）

⑥ 秒速47mのつばめが705m飛ぶのにかかる時間

（式）

（　　　　）

よくがんばったね！ すてき！

答え ▶ 82ページ

21

図形の角と面積

# 三角形の角

月　日

得点

点

もくひょう 10分

**1** 次の三角形のⓐの角度を計算で求めましょう。　式4点，答え4点【48点】

三角形の3つの角の大きさの和は180°

①

ⓐ 70° 30°

（式）

（　　）

②

30° 120° ⓐ

（式）

（　　）

③

ⓐ 90° 35°

（式）

（　　）

④

45° 50° ⓐ

（式）

（　　）

⑤

この角度を先に求める。

60° ⓐ 70°

（式）

（　　）

一直線の角度は180°だね。

⑥

40° 30° ⓐ

（式）

（　　）

**2** 正三角形の3つの角は同じ大きさです。1つの角の大きさは何度ですか。計算で求めましょう。

式5点，答え5点【10点】

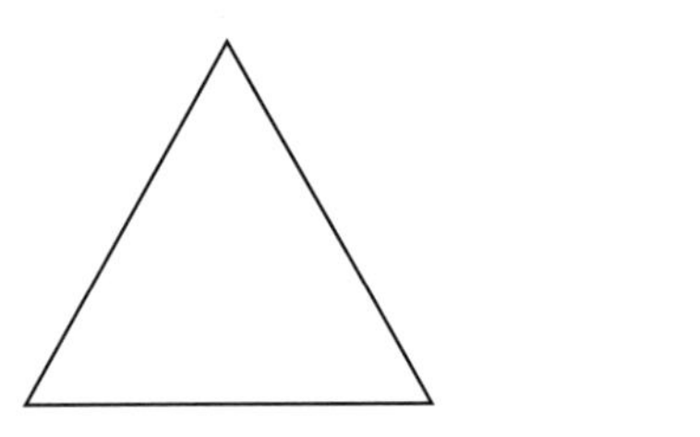

（式）

**3** 下の三角形は，どれも二等辺三角形です。㋐の角度を計算で求めましょう。

式5点，答え5点【30点】

①

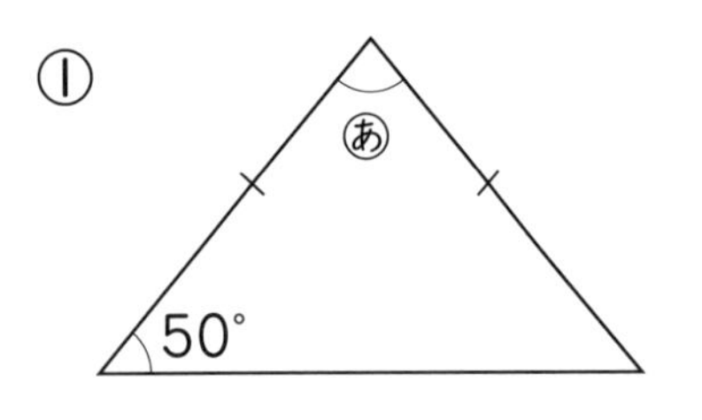


（式）

②

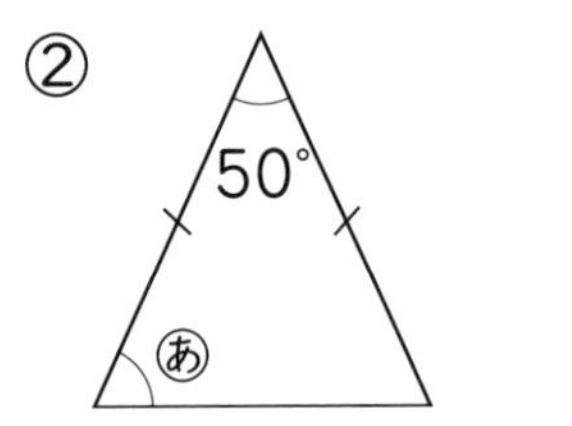


（式）

③

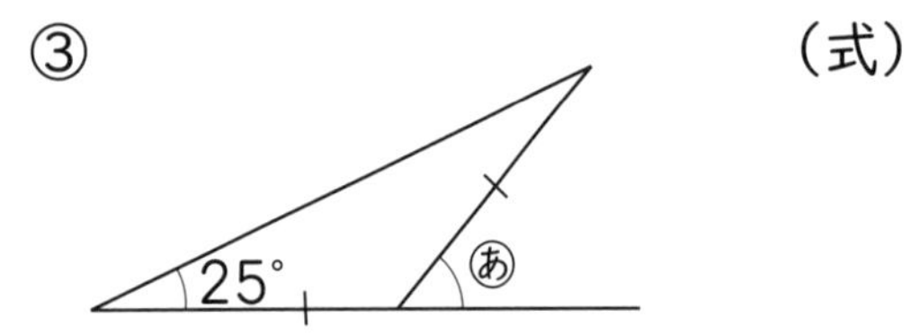


（式）

（　　　　　　　）

**4** 下の三角形ABCは，角Cが70°の直角三角形で，三角形ACDは二等辺三角形です。㋐は何度ですか。計算で求めましょう。

式6点，答え6点【12点】

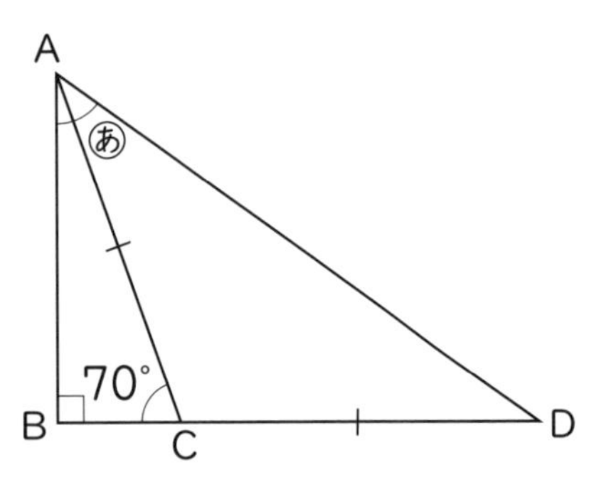


（式）

（　　　　　　　）

アプリに点数を登録しよう！

答え ▶ 83ページ

22 図形の角と面積

# 四角形，多角形の角

もくひょう 10分

月　日

得点

点

**1** 次の四角形のあの角度を計算で求めましょう。　式5点，答え5点【30点】

四角形の4つの角の大きさの和は360°

①

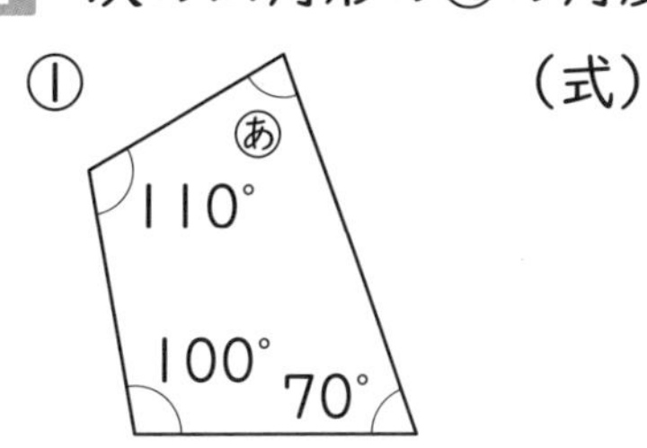


（式）

（　　　　）

②

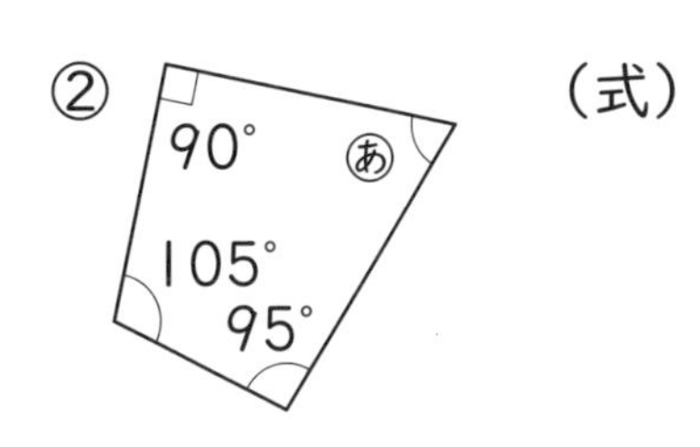


（式）

（　　　　）

③

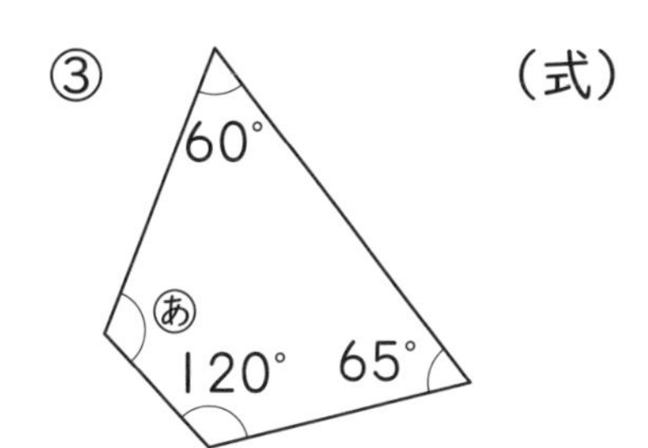


（式）

（　　　　）

**2** 下の図のように，正三角形を6つならべて六角形を作りました。□にあてはまる数を書きましょう。　1つ4点【12点】

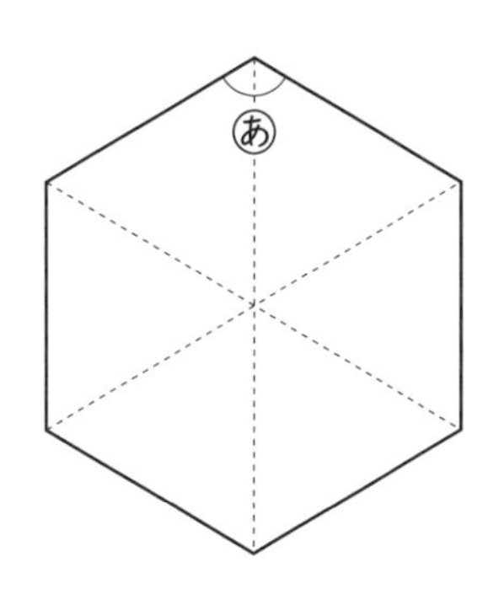


左の六角形の，あの角度は□°です。ですから，六角形の6つの角の大きさの和は，□°の6倍で，□°になります。

正三角形の1つの角は60°だね。

**3** □にあてはまる数を書きましょう。　　1つ5点【10点】

① □本の直線で囲まれた図形を五角形といいます。

② 七角形は，□本の直線で囲まれた図形です。

**4** 次の四角形の㋐の角度を計算で求めましょう。　　式6点，答え6点【24点】

①

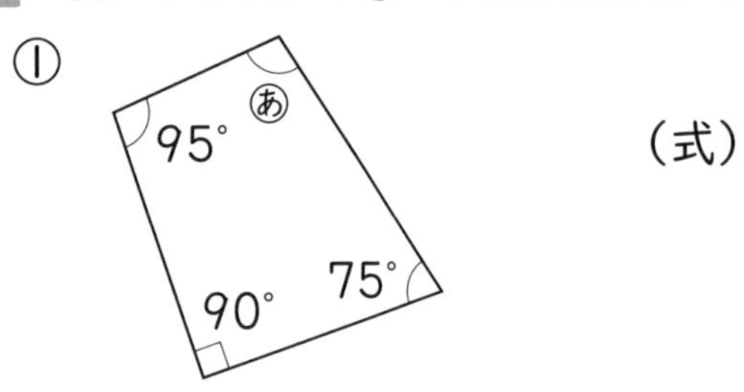


（式）

（　　　　）

②

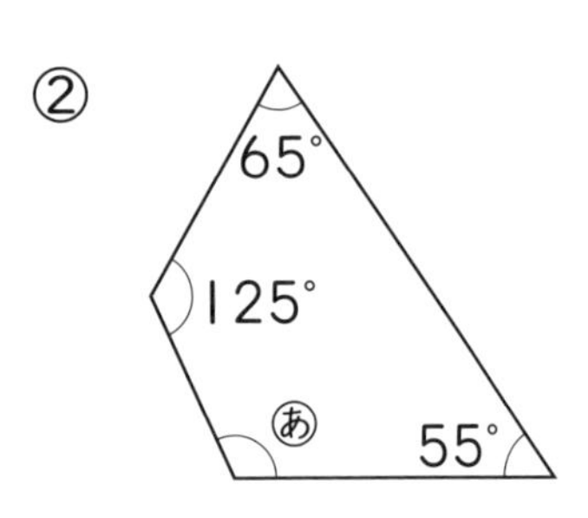


（式）

（　　　　）

**5** 五角形，六角形の角の大きさの和を，三角形の3つの角の大きさの和を使って求めましょう。　　式6点，答え6点【24点】

① 五角形

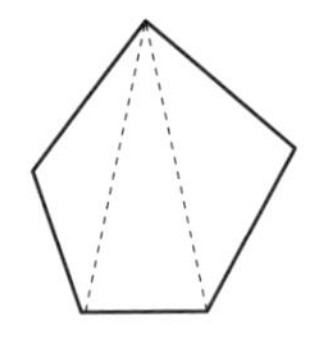

（式）

（　　　　）

② 六角形

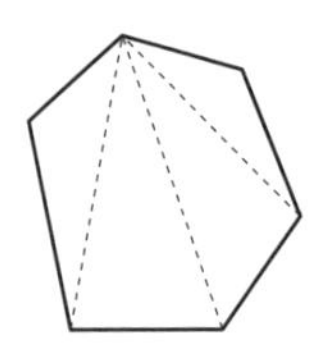

（式）

（　　　　）

よくがんばったね！　えらい！

答え ▶ 83ページ

図形の角と面積

# 平行四辺形の面積

**1** 右の平行四辺形ABCDを見て，□にあてはまる記号を書きましょう。

1つ10点【20点】

① 辺BCを底辺とするとき，高さは 

です。

② 辺ABを底辺とするとき，高さは □ です。

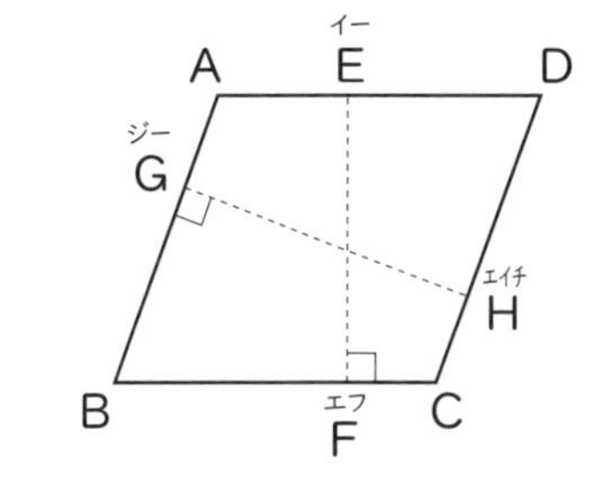


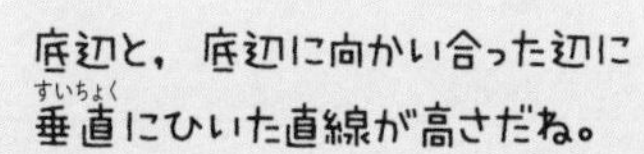

底辺と，底辺に向かい合った辺に
垂直にひいた直線が高さだね。


**2** 次の平行四辺形の面積を求めましょう。

式5点，答え5点【30点】

平行四辺形の面積＝底辺×高さ

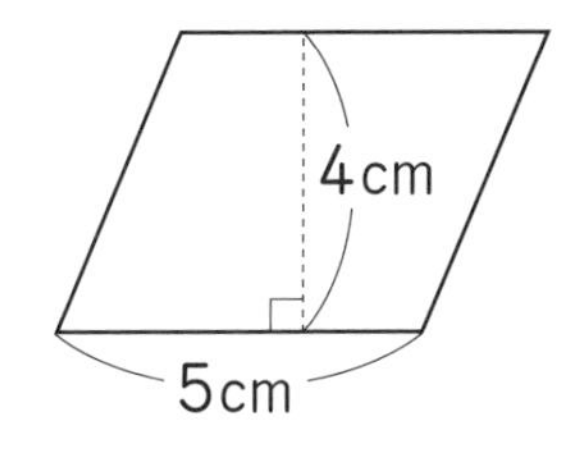


（式）

（　　　　）

② 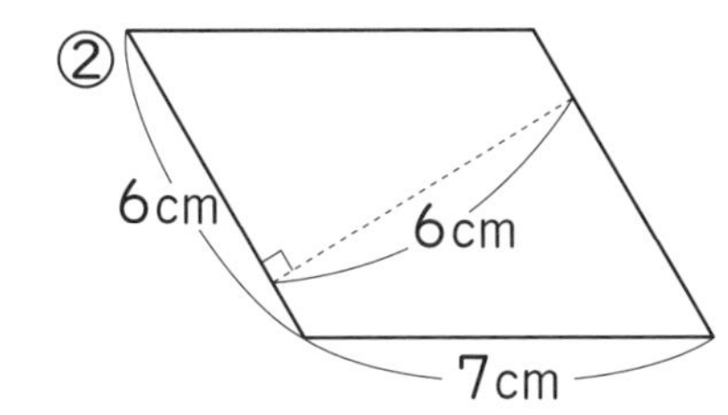


（式）

（　　　　）

③ 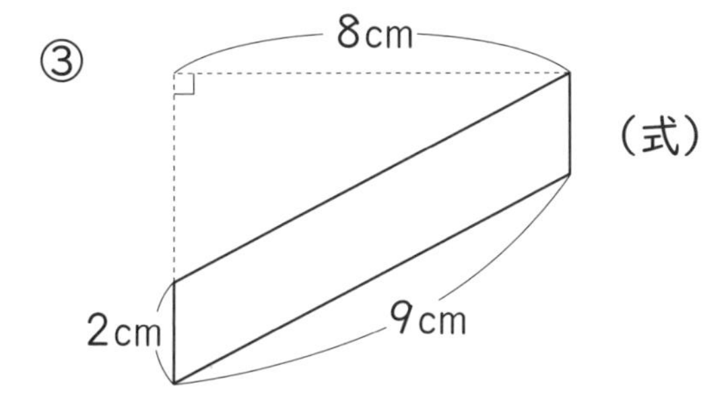


（式）

（　　　　）

**3** 次の平行四辺形の面積を求めましょう。 式5点，答え5点【20点】

①

7cm 6cm 4.5cm

（式）

（　　　　　　）

②

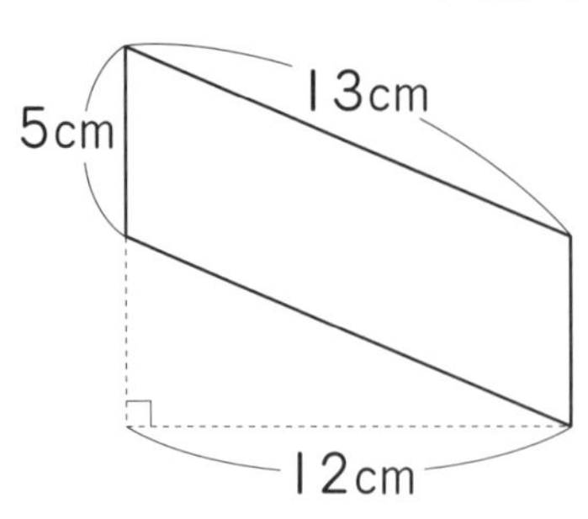


（式）

（　　　　　　）

**4** 下の図のアとイの直線は平行です。 1つ10点【20点】

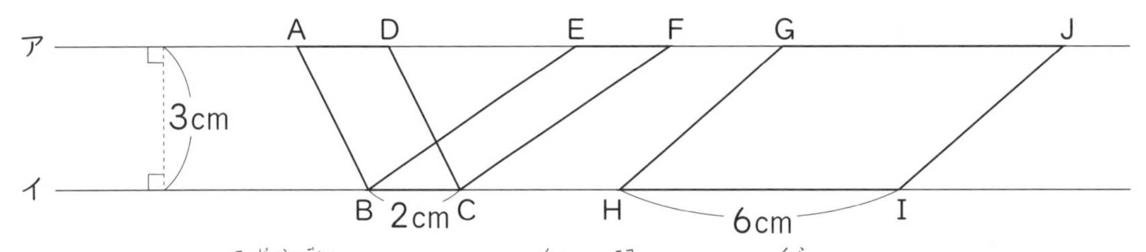


① 平行四辺形ABCDと平行四辺形EBCFの面積を比べます。等しいですか，等しくないですか。

（等しい。　等しくない。）

② 平行四辺形GHIJの面積は，平行四辺形ABCDの面積の何倍ですか。

（　　　　　　）

**5** 高さが4cmで，面積が$24cm^2$の平行四辺形があります。底辺は何cmですか。 式5点，答え5点【10点】

（式）

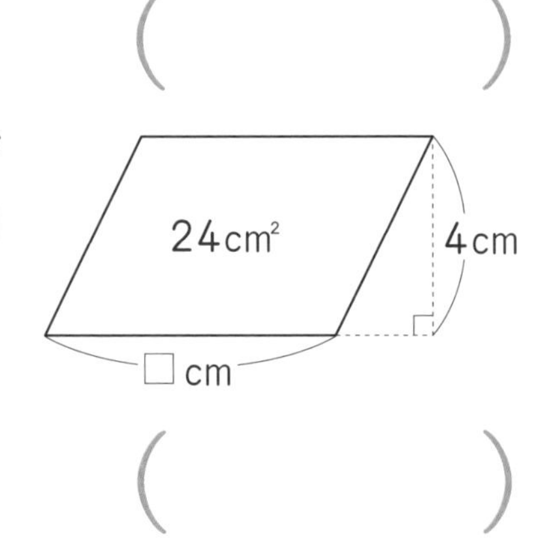


（　　　　　　）

よくできたね。おつかれさま！

答え ▶ 83ページ

# 24 図形の角と面積
# 三角形の面積

**1** 右の三角形ABCを見て，□にあてはまる記号を書きましょう。 1つ5点【15点】

① 辺BCを底辺とするとき，高さは［ AE ］です。

② 辺ABを底辺とするとき，高さは［　　］です。

③ 辺ACを底辺とするとき，高さは［　　］です。

A D F B C E

底辺に向かい合った頂点から，底辺に垂直にひいた直線が高さだよ。

**2** 次の三角形の面積を求めましょう。 式6点，答え6点【36点】

三角形の面積=底辺×高さ÷2

①

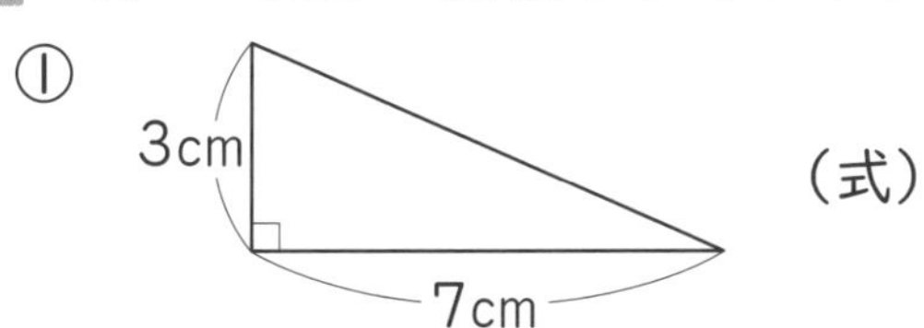


（式）

（　　　）

②

6cm
8cm

（式）

（　　　）

③

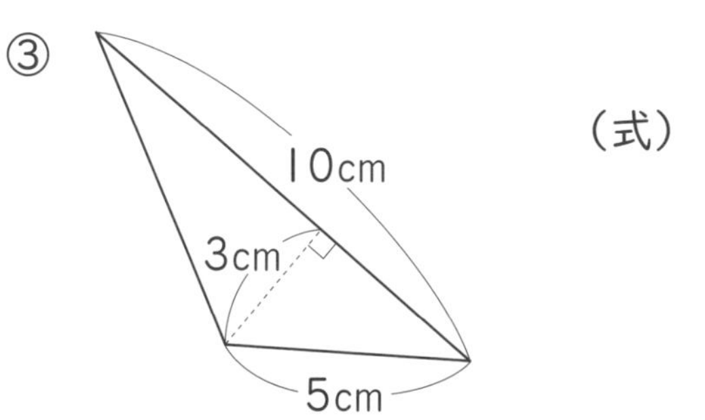


（式）

（　　　）

**3** 次の三角形の面積を求めましょう。 式7点，答え7点【28点】

①

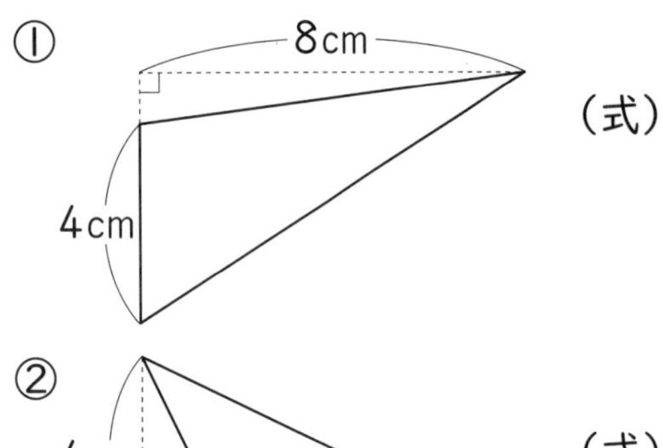


（式）

（　　　　）

②

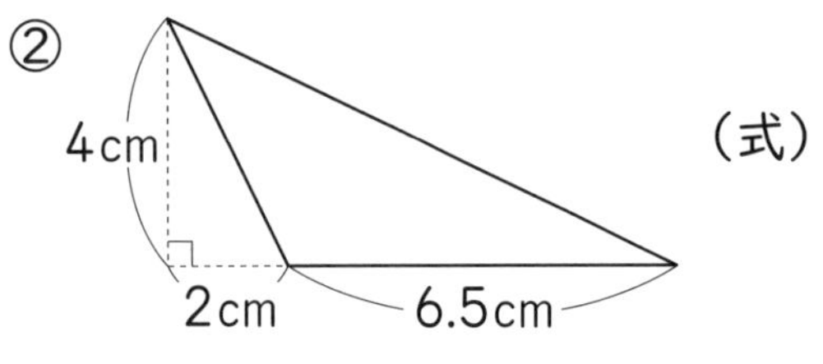


（式）

（　　　　）

**4** 下の図で，アとイの直線は平行です。㋐の三角形と面積が等しい三角形はどれですか。全部答えましょう。 【7点】

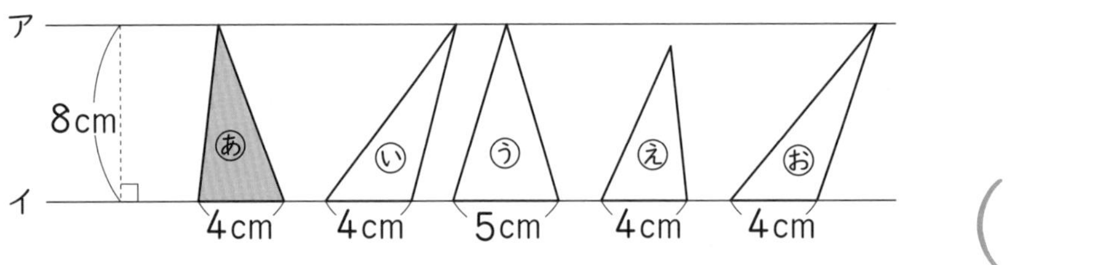


（　　　　）

**5** 下の図で，アとイの直線は平行で，三角形ABC（エービーシー）の面積は24cm²です。

1つ7点【14点】

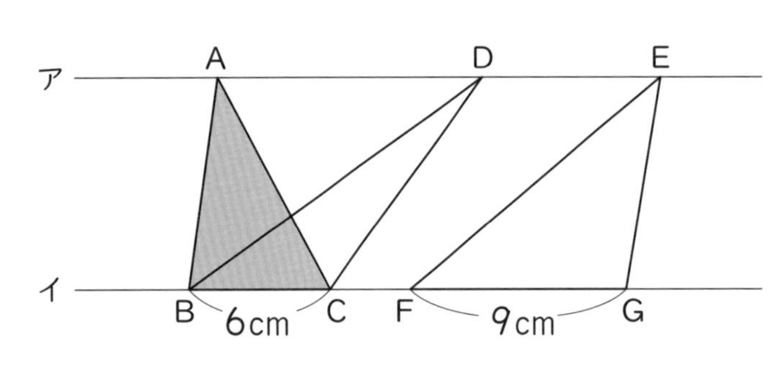


① 三角形DBC（ディー）の面積は何cm²ですか。

（　　　　）

② 三角形EFG（イーエフジー）の面積は何cm²ですか。

（　　　　）

よくがんばりました。次にちょう戦だ！

答え ▶ 84ページ

図形の角と面積

# 25 台形，ひし形の面積

## 1 右の台形の面積を，2つの方法で求めます。

□にあてはまる数を書きましょう。 1つ4点【24点】

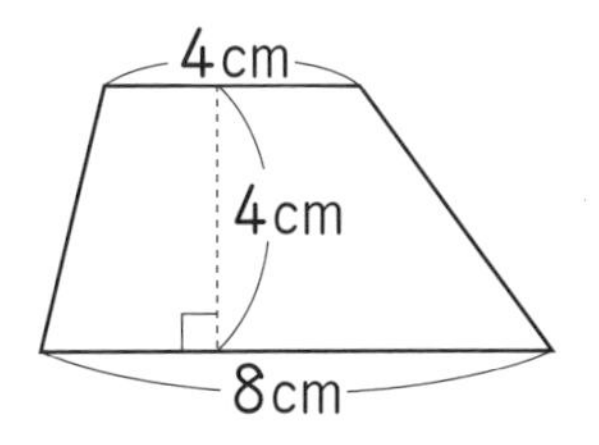


① あの図のように，2つの三角形に分けて求めます。

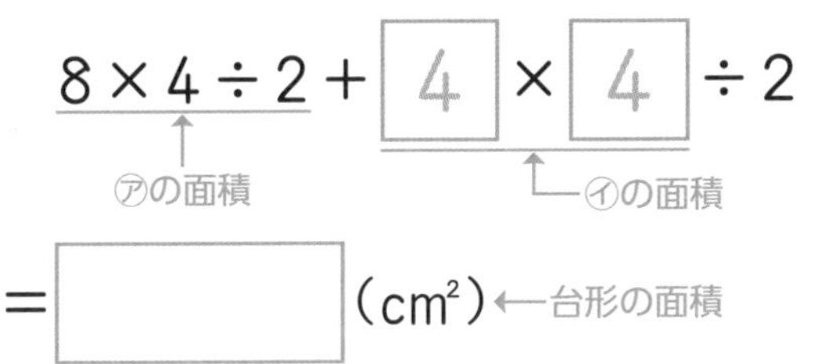


＝□(cm²)←台形の面積

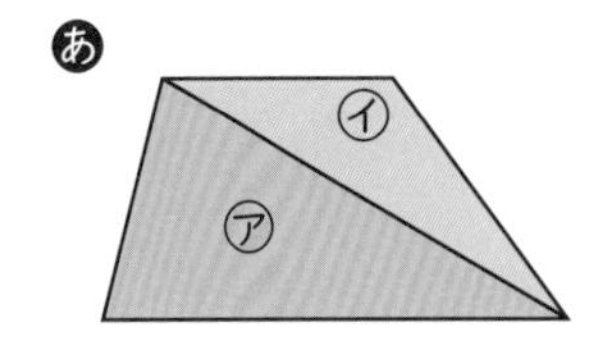


② いの図のように，同じ形の台形を2つならべて平行四辺形の面積の半分になると考えて求めます。

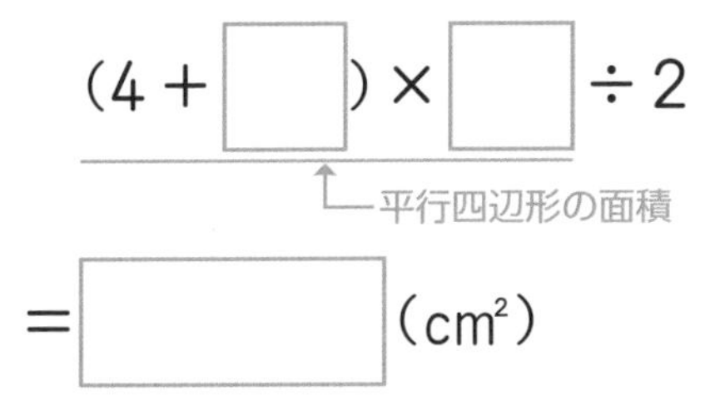


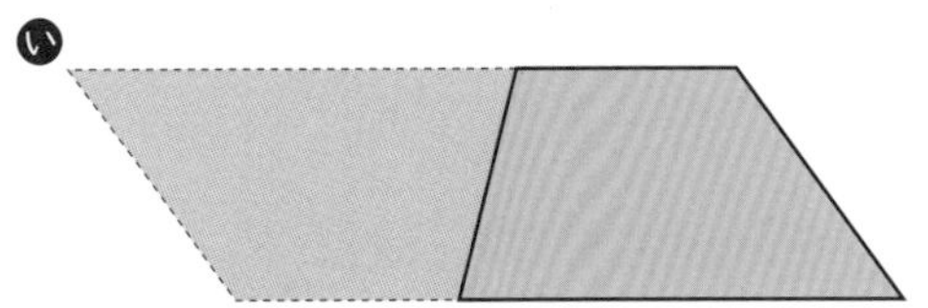


台形の面積＝(上底＋下底)×高さ÷2

## 2 右のひし形の面積の求め方を考えます。

□にあてはまる数を書きましょう。 1つ4点【12点】

あの図のような，ひし形がぴったりおさまる長方形ABCD（エービーシーディー）の面積の半分がひし形の面積です。

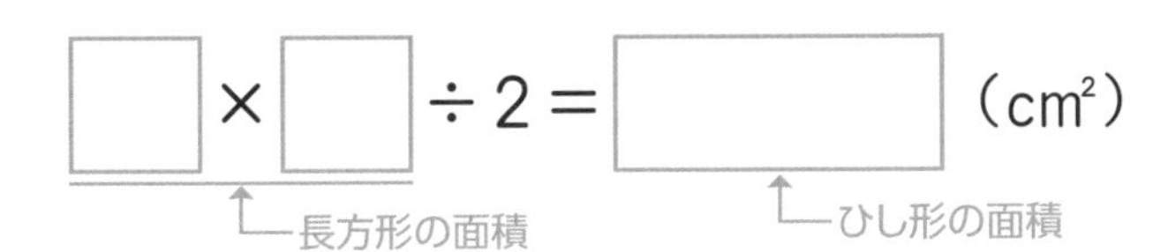


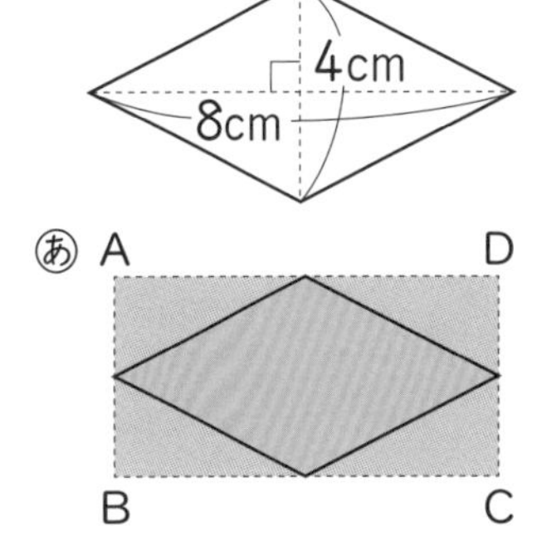


ひし形の面積＝対角線×対角線÷2

**3** 次の台形やひし形の面積を求めましょう。　式8点，答え8点【32点】

①

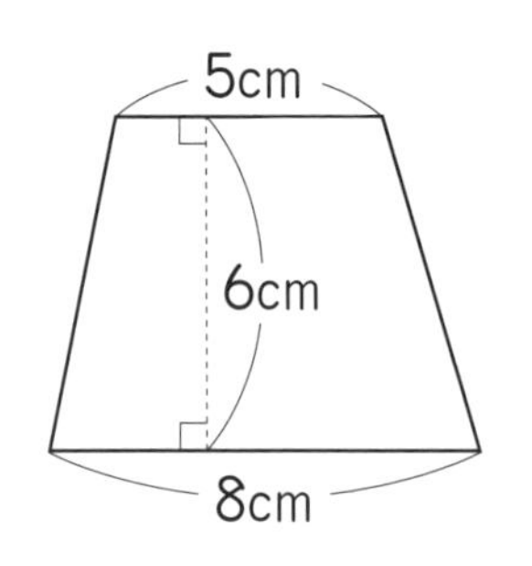


（式）

（　　　）

②

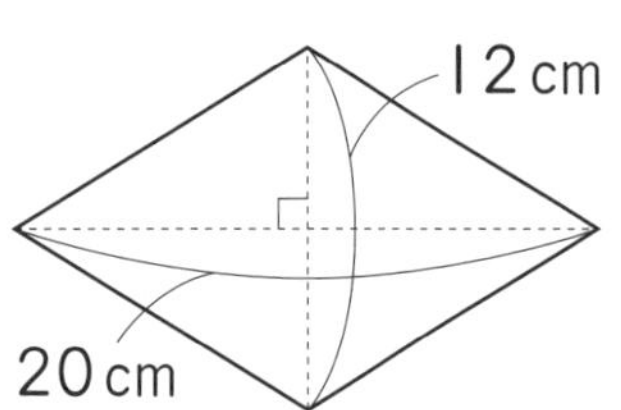


（式）

（　　　）

**4** 右の台形ABCD（エービーシーディー）と三角形ABE（イー）の面積を求めて比（くら）べます。等しいですか。等しくないですか。　式8点，答え8点【16点】

A　4cm　D
5cm
B　6cm　C　4cm　E

台形ABCD

（式）

三角形ABE

（式）

（等しい。　等しくない。）

**5** 対角線の長さが8cmの正方形の面積を求めます。正方形を対角線の長さが等しいひし形と考えて求めましょう。

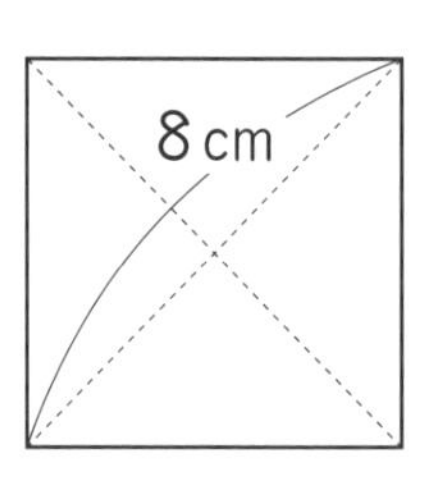


式8点，答え8点【16点】

（式）

（　　　）

よくがんばったね！ すてき！

答え ▶ 84ページ

# 26 図形の角と面積 いろいろな形の面積

**1** 右の図で，色がついた部分の面積を，2つの方法で求めます。□にあてはまる数を書きましょう。 1つ5点【35点】

① 2つの三角形の面積をたして求めます。

$$4 \times 5 \div 2 + \boxed{4} \times \boxed{3} \div 2 = \boxed{\phantom{000}} (cm^2)$$

↑三角形ABDの面積　　↑三角形ACDの面積　　↑色がついた部分の面積

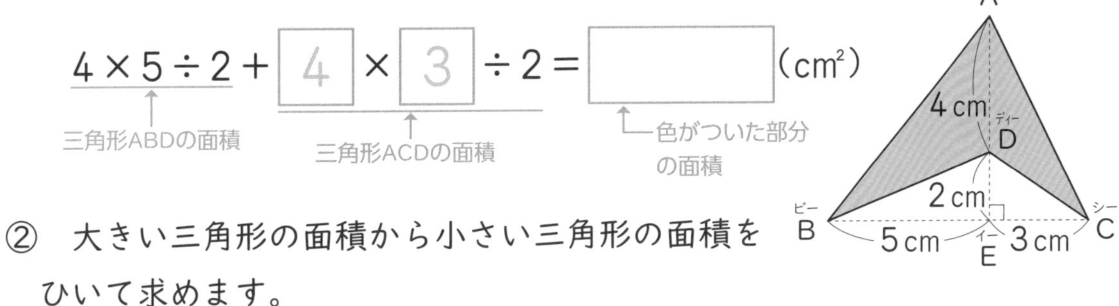


② 大きい三角形の面積から小さい三角形の面積をひいて求めます。

$$(5 + \boxed{\phantom{0}}) \times (4 + \boxed{\phantom{0}}) \div 2 - (5 + \boxed{\phantom{0}}) \times 2 \div 2 = \boxed{\phantom{000}} (cm^2)$$

↑三角形ABCの面積　　↑三角形DBCの面積　　↑色がついた部分の面積

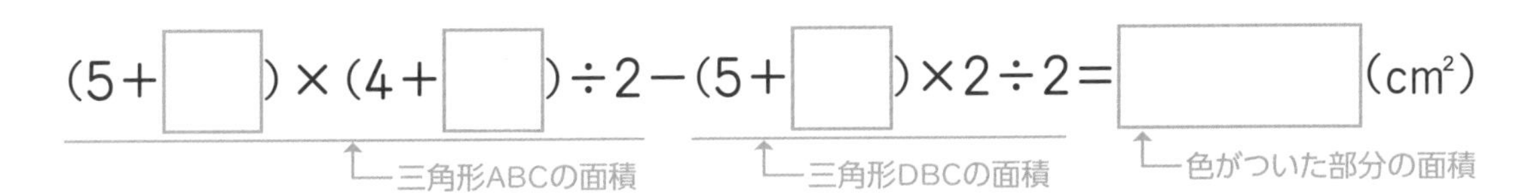


**2** 右のように，長方形の形をした畑に道が通っています。畑の部分の面積を，2つの方法で求めます。□にあてはまる数を書きましょう。 1つ5点【25点】

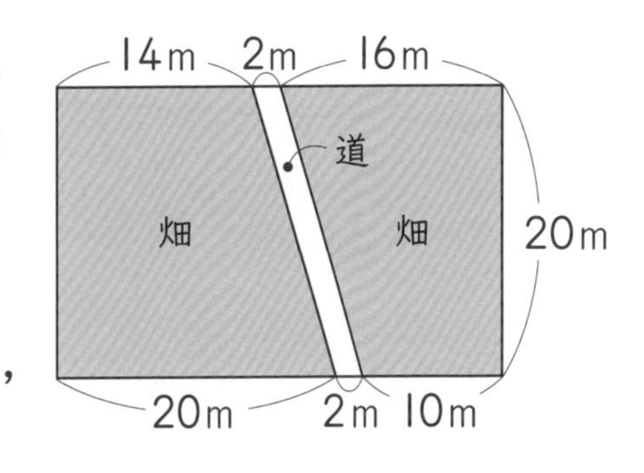


① それぞれの畑の部分の面積を求めてから，たします。

(14＋□)×20÷2＋(16＋□)×20÷2＝□(m²)

どちらも台形の面積を求める　　畑の部分の面積

② 道の部分を取りさり，両側の畑の部分をつないで，長方形にして求めます。

20×(14＋□)＝□(m²)

畑の部分の面積

## 3 次の図の色がついた部分の面積を求めましょう。

式4点，答え4点【40点】

① （式）

3cm　3cm　5cm　4cm

（　　　）

② （式）

12cm　10cm　12cm

（　　　）

③ （式）

8cm　3cm　6cm　5cm　9cm

（　　　）

④ （式）

35m　4m　27m　4m　35m

（　　　）

⑤ （式）

7cm　4cm　5cm　6cm　11cm

（　　　）

面積はこれでバッチリ！

答え ▶ 84ページ

# 27 割合とグラフ 割合

**1** ゆうじさんが住んでいる町には，A，B，Cの3つの野球チームがあります。それぞれのチームのこれまでの試合数と勝った回数は，下の表のようになっています。次の問題に答えましょう。

式5点，答え5点【30点】

| チーム | 試合数(回) | 勝った回数(回) |
|---|---|---|
| A | 16 | 8 |
| B | 10 | 2 |
| C | 12 | 9 |

① Aチームの勝った割合を求めましょう。

（式） 勝った回数 8 ÷ 試合数 16 = 割合 □

比べられる量(比べる量)が，もとにする量のどれだけにあたるかを表した数が割合だね。


（　　　）

② Bチームの勝った割合を求めましょう。

（式）

（　　　）

③ Cチームの勝った割合を求めましょう。

（式）

（　　　）

**2** ゆかりさんのクラスの人数は40人で，そのうち，むし歯のある人が22人います。クラスの人数をもとにして，むし歯のある人の割合を求めましょう。

式5点，答え5点【10点】

（式）

（　　　）

**3** ひろみさんが，学校の前を通った自動車の台数を30分間調べたら，下の表のようになりました。通った自動車全体の台数をもとにしたときの，それぞれの割合(わりあい)を求めましょう。　式6点，答え6点【36点】

|  | 台数(台) |
|---|---|
| 乗用車 | 85 |
| トラック | 35 |
| バス | 5 |
| 合計 | 125 |

① 乗用車の割合

(式)

(　　　　)

② トラックの割合

(式)

(　　　　)

③ バスの割合

(式)

(　　　　)

**4** たかしさんの組の学級文庫には，本が120さつあります。そのうち，物語の本は48さつです。学級文庫全体の本の数をもとにしたときの，物語の本の数の割合を求めましょう。　式6点，答え6点【12点】

(式)

(　　　　)

**5** 30mの赤いリボンと24mの青いリボンがあります。青いリボンの長さをもとにしたときの，赤いリボンの長さの割合を求めましょう。　式6点，答え6点【12点】

(式)

(　　　　)

がんばったね！ えらい！

答え ▶ 85ページ

# 28 割合とグラフ
# 百分率

月　日　10分　もくひょう

得点　　点

## 1 次の小数や整数で表した割合を，百分率で表しましょう。　1つ5点【20点】

もとにする量を100とみた表し方を百分率(%)という。

| 割合を表す数 | 1 | 0.1 | 0.01 | 0.001 |
|---|---|---|---|---|
| 百分率 | 100% | 10% | 1% | 0.1% |

① 0.32
└→0.32 × 100 = 32 (%)
(　　　　)

② 0.649
(　　　　)

③ 1.18
(　　　　)

④ 4
(　　　　)

## 2 次の小数や整数で表した割合を，歩合で表しましょう。　1つ5点【20点】

割合を表す0.1を1割，0.01を1分，0.001を1厘という。

| 割合を表す数 | 1 | 0.1 | 0.01 | 0.001 |
|---|---|---|---|---|
| 歩合 | 10割 | 1割 | 1分 | 1厘 |

① 0.354
└→3割5分4厘
(　　　　)

② 0.9
(　　　　)

③ 2
(　　　　)

④ 0.608
(　　　　)

## 3 次の百分率で表した割合を，小数や整数で表しましょう。 1つ5点【20点】

① 56%

（　　　）

② 9%

（　　　）

③ 110%

（　　　）

④ 7.4%

（　　　）

## 4 次の歩合で表した割合を，小数や整数で表しましょう。 1つ5点【20点】

① 6割2分7厘

（　　　）

② 5分

（　　　）

③ 20割

（　　　）

④ 5割7分

（　　　）

## 5 次の百分率で表した割合を，歩合で表しましょう。 1つ5点【20点】

① 25%

（　　　）

② 9%

（　　　）

③ 60%

（　　　）

④ 3.8%

（　　　）

よくできたね。おつかれさま！

答え ▶ 85ページ

29 割合とグラフ

# 帯グラフ

もくひょう 10分

月　日

得点　　点

**1** 下のグラフは，ゆたかさんの学校の図書室の本の数を，種類別に調べて表したものです。次の問題に答えましょう。 1つ8点【40点】

【図書室の本の種類別の数の割合】

| 文学 | 理科 | 社会 | 図かん | その他 |
|---|---|---|---|---|

0　10　20　30　40　50　60　70　80　90　100%

長方形を区切って，割合を表したグラフを帯グラフという。

① 上のようなグラフを何グラフといいますか。 (　　　　)

② 文学，社会，図かんの全体に対する割合は，それぞれ何%ですか。

文学 (　　　　)　社会 (　　　　)

図かん (　　　　)

③ 理科の本は，全体の約何分の1ですか。 (　　　　)

**2** 下の表は，かおるさんの学校の5年生の町別の人数の割合を表したものです。これを帯グラフに表しましょう。 【20点】

| 町名 | 百分率(%) |
|---|---|
| 東町 | 19 |
| 西町 | 34 |
| 南町 | 12 |
| 北町 | 26 |
| その他 | 9 |
| 合計 | 100 |

【5年生の町別の人数の割合】

0　10　20　30　40　50　60　70　80　90　100%

帯グラフは，左から百分率の大きい順に区切るよ。
「その他」は，いちばんあとにかこう。

**3** 下の帯グラフは，AとBの2つのスーパーマーケットで1日に売れた商品の金額の割合を表したものです。次の問題に答えましょう。 1つ8点【40点】

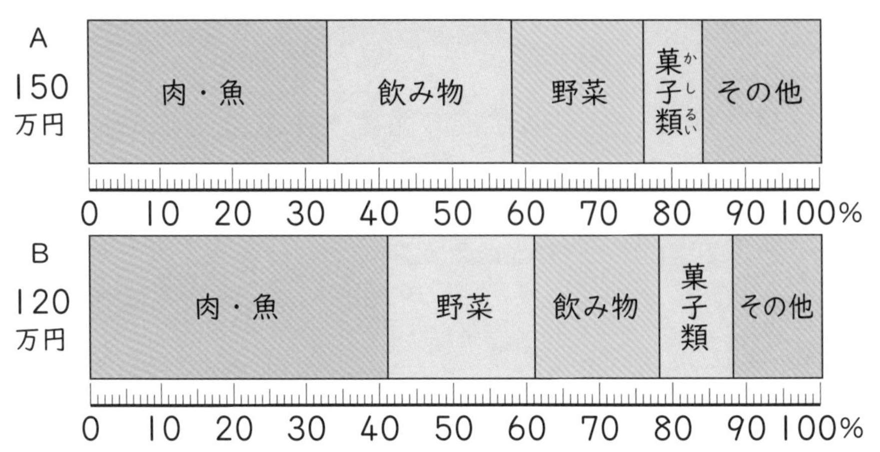


① Aの飲み物の割合は，A全体の何％ですか。

（　　　　）

② Aの肉・魚の割合は，A全体の何％ですか。また，A全体の約何分の1ですか。

（　　　　）

③ Bの飲み物は，Bの菓子類の何倍ですか。

（　　　　）

④ Aの菓子類がこの日売れた金額は何円ですか。

（　　　　）

⑤ この日の野菜の売上金額は，AとBのどちらがどれだけ多いですか。

（　　　　）

答え ▶ 85ページ

# 30 割合とグラフ
## 円グラフ

**1** 下のグラフは，1時間に学校の前を通った乗り物の台数の割合（わりあい）を，種類別に調べて表したものです。次の問題に答えましょう。　1つ4点【20点】

【学校の前を通った乗り物の台数の割合】

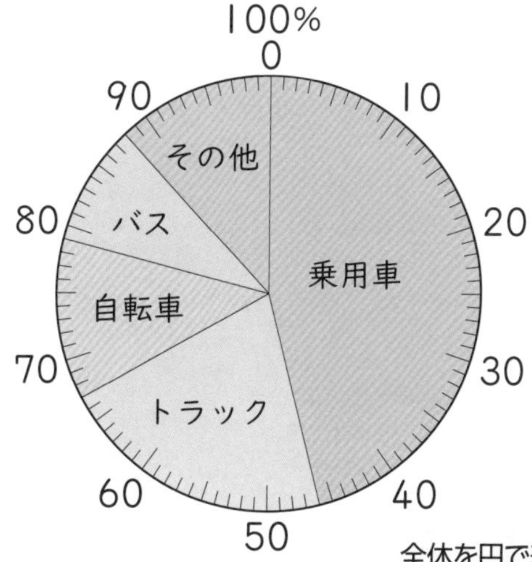


全体を円で表し，半径で区切って表したグラフを**円グラフ**という。

① 左のようなグラフを何グラフといいますか。

（　　　　　）

② 乗用車，トラック，自転車の割合は，それぞれ全体の何％ですか。

乗用車（　　　　　）

トラック（　　　　　）

自転車（　　　　　）

③ 乗用車の台数は，バスの台数の約何倍ですか。（　　　　　）

**2** 下の表は，たつやさんの学校で1年間に起きたけがの種類別の割合を表したものです。これを円グラフに表しましょう。　【15点】

| 種類 | 百分率(%) |
|---|---|
| 切りきず | 11 |
| 打ぼく | 27 |
| すりきず | 45 |
| つき指 | 7 |
| その他 | 10 |
| 合計 | 100 |

円グラフは，真上から右まわりに百分率（ひゃくぶんりつ）の大きい順に区切る。

「その他」は，いちばんあとにかこう。

【けがの種類別の割合】

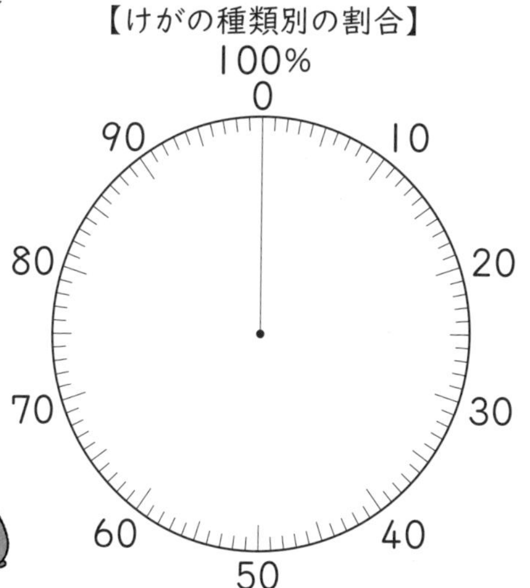

**3** 下の表は，360gの豆の中にふくまれている成分について調べたものです。次の問題に答えましょう。

式5点，答え5点，グラフ15点【65点】

(g)

| たんぱく質 | でんぷん | 水分 | しぼう | その他 | 合計 |
|---|---|---|---|---|---|
| 154 | 125 | 40 | 22 | 19 | 360 |

① 全体に対するそれぞれの割合を，小数第三位を四捨五入して百分率で求めましょう。

〔たんぱく質〕

（式）

(　　　　)

〔でんぷん〕

（式）

(　　　　)

〔水分〕

（式）

(　　　　)

〔しぼう〕

（式）

(　　　　)

〔その他〕

（式）

(　　　　)

② ①で求めた百分率をもとにして，右の円グラフに表しましょう。

【豆の中にふくまれている成分の割合】

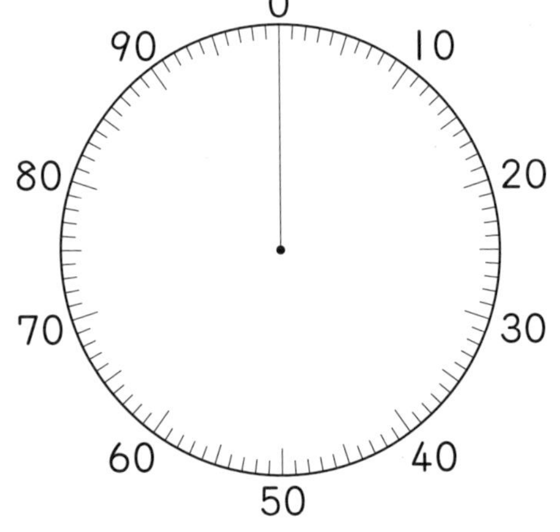

円グラフもバッチリだ！

答え ▶ 86ページ

# 31 正多角形と円周
## 正多角形

もくひょう 10分

月　日

得点　　点

**1** 次の□にあてはまることばを書きましょう。　1つ8点【40点】

① 直線で囲まれた図形を□といいます。

② 8本の直線で囲まれた図形を□といいます。

③ 辺の長さがみんな等しく，角の大きさもみんな等しい図形を□といいます。

④ 6つの辺の長さがみんな等しく，6つの角の大きさもみんな等しい図形を□といいます。

⑤ 辺の数がいちばん少ない正多角形は□です。

辺の数がいちばん少ない多角形は，三角形だね。

**2** 次の図形は，辺の長さがみんな等しく，角の大きさもみんな等しい図形です。それぞれ何という図形ですか。　1つ5点【15点】

①　②　③

(　　　)　(　　　)　(　　　)

**3** 次の正多角形を，円を使ってかきましょう。　　1つ10点【20点】

①　正五角形　　　　②　正八角形

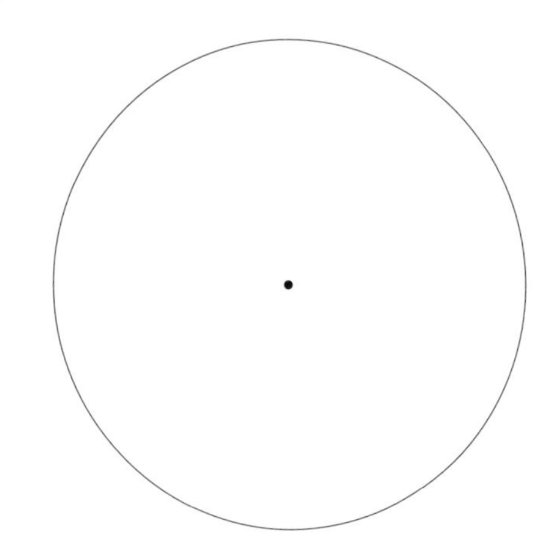

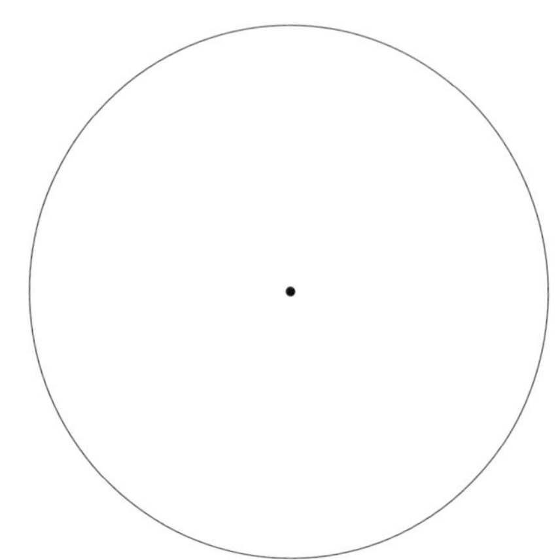

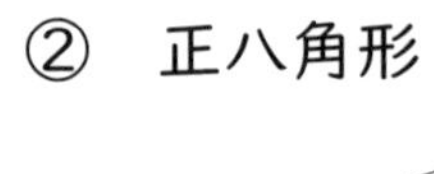

**4** 右の図は，円を使って正十角形をかいたものです。あ，い，うの角は，それぞれ何度ですか。計算して求めましょう。　　1つ5点【15点】

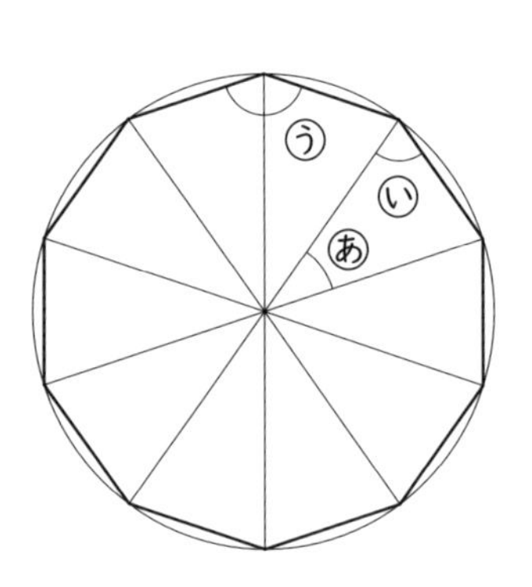


あ（　　　　）

い（　　　　）

う（　　　　）

**5** 正九角形の1つの角の大きさは何度ですか。計算して求めましょう。　　【10点】

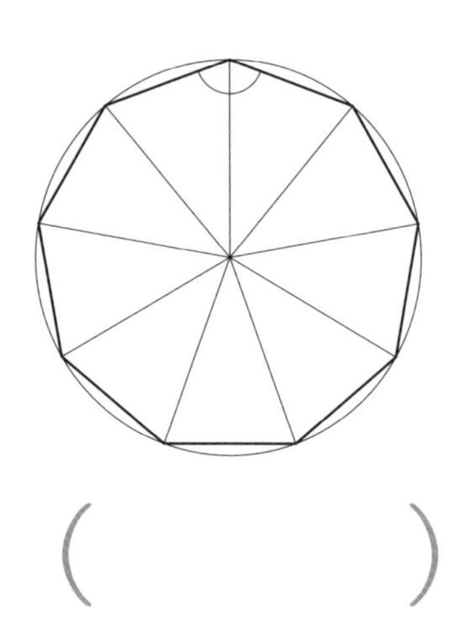

（　　　　）

アプリに点数を登録しよう！

答え ▶ 86ページ

# 32 正多角形と円周
## 円周①

月　日　得点　点

**1** 次の円の円周の長さを求めましょう。　式3点，答え3点【12点】

**円周＝直径×円周率**（えんしゅうりつ）
円周率は，3.14とする。

①
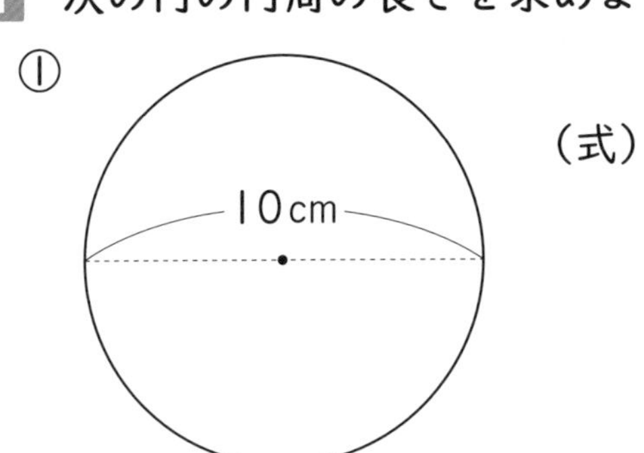


（式）

（　　　　）

②
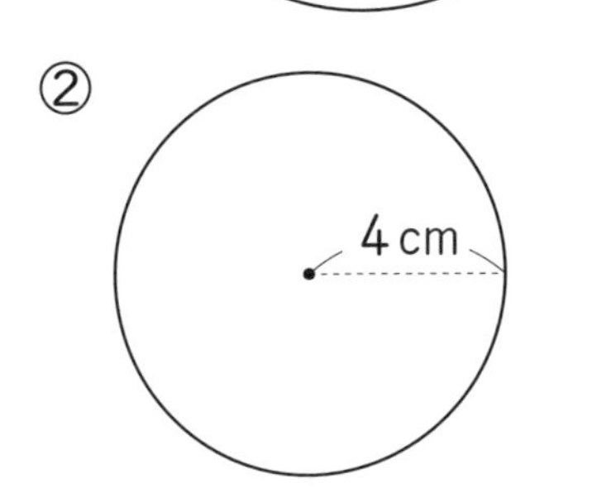


（式）

（　　　　）

直径の長さを
求めてから
計算しよう。

**2** 次の円の円周の長さを求めましょう。　式4点，答え4点【32点】

① 直径5cmの円

（式）

（　　　　）

② 半径3.5cmの円

（式）

（　　　　）

③ 直径6mの円

（式）

（　　　　）

④ 半径1.5mの円

（式）

（　　　　）

**3** 円の直径の長さが変わると，円周の長さはどのように変わるか調べます。次の問題に答えましょう。 1つ4点【32点】

① 円周の長さを求めて，下の表に書きましょう。

| 直径（cm） | 1 | 2 | 3 | 4 | 5 | |
|---|---|---|---|---|---|---|
| 円周（cm） | | | | | | |

② 円周の長さは，直径の長さが1cmずつ増(ふ)えると，何cmずつ増えていますか。

(　　　　)

③ 直径の長さを2倍，3倍，…にすると，円周の長さはどのように変わりますか。

(　　　　)

④ 直径を□cm，円周を△cmとして，直径と円周の長さの関係を式に表しましょう。

(　　　　)

**4** 次の円の円周の長さを求めましょう。 式4点，答え4点【24点】

① 直径15cmの円

（式）

(　　　　)

② 半径25cmの円

（式）

(　　　　)

③ 半径12.5mの円

（式）

(　　　　)

円周は求められたかな？

答え ▶ 87ページ

# 33 正多角形と円周
## 円周②

月　日
得点
点

15分

**1** 円周の長さが15.7cmの円の直径の長さを，次のように求めました。
□にあてはまる数を書きましょう。　1つ5点【15点】

① 直径を□cmとすると，

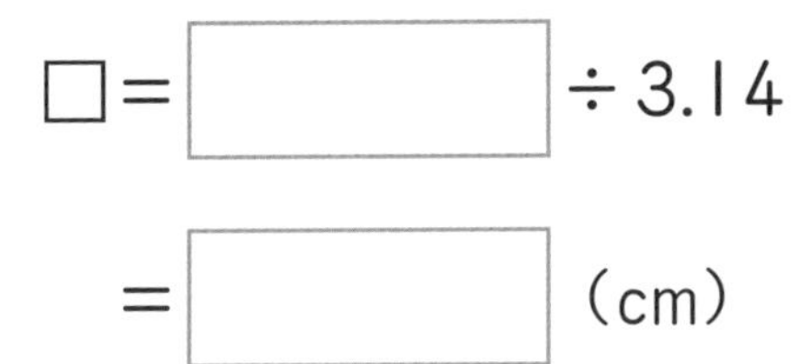

□×3.14＝□

② □にあてはまる数を求めると，

□＝□÷3.14

＝□（cm）

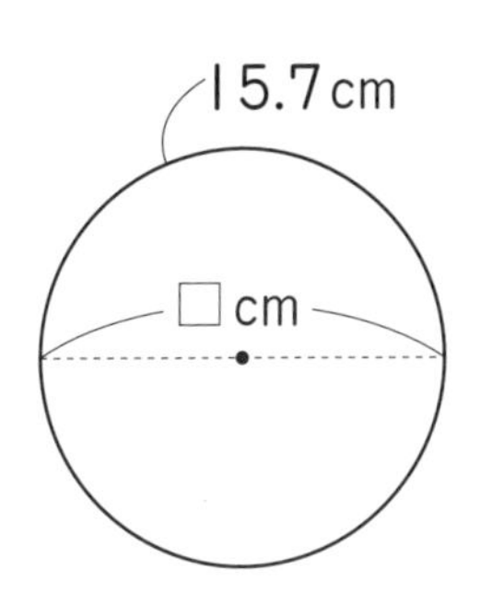


**2** 次の円の直径や半径の長さを求めましょう。　式5点，答え5点【30点】

① 円周の長さが31.4cmの円の直径

（式）

（　　　）

② 円周の長さが94.2cmの円の半径

（式）

（　　　）

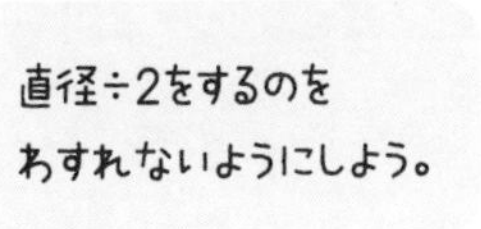

直径÷2をするのを
わすれないようにしよう。

③ 円周の長さが18.84cmの円の半径

（式）

（　　　）

**3** 円周の長さが50cmの円の直径はおよそ何cmですか。$\frac{1}{10}$の位までのがい数で求めましょう。

式6点，答え7点【13点】

（式）

（　　　　　）

**4** 次の図のまわりの長さを求めましょう。

式5点，答え5点【20点】

①

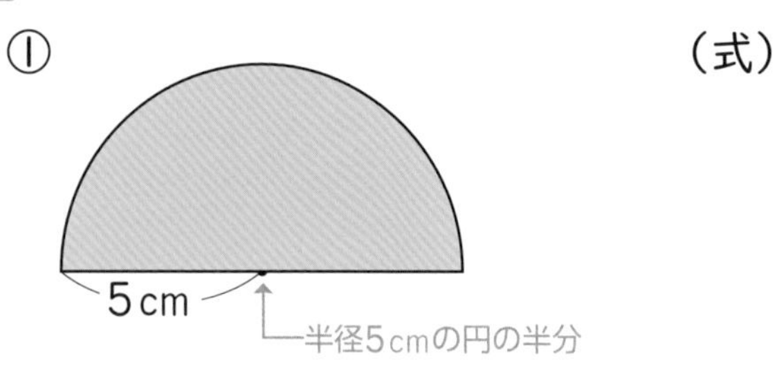


（式）

（　　　　　）

②

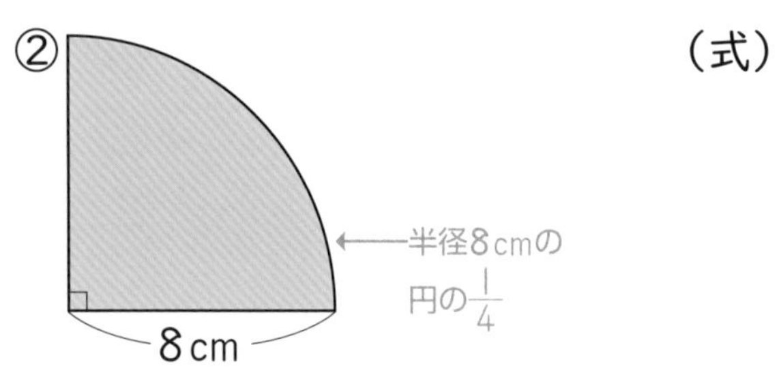


（式）

（　　　　　）

**5** 次の図のまわりの長さを求めましょう。

式5点，答え6点【22点】

①

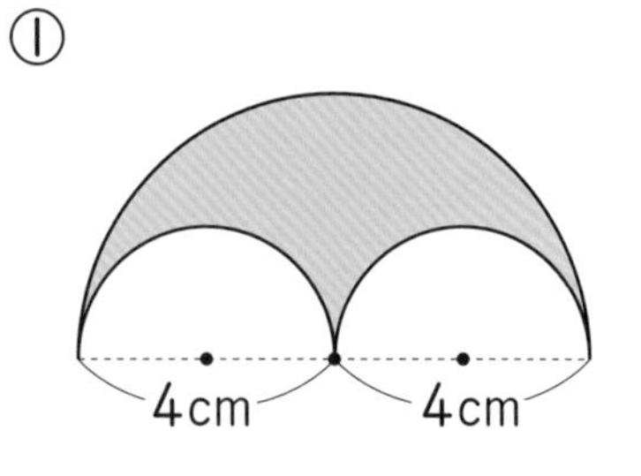


（式）

（　　　　　）

②

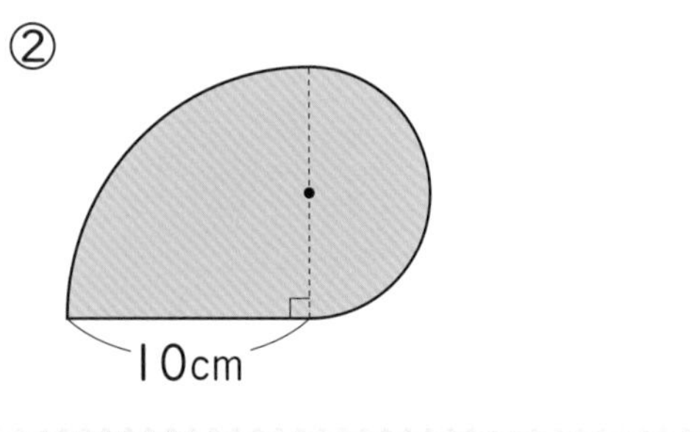


（式）

（　　　　　）

落ちついて考えれば大丈夫！

答え ▶ 87ページ

月　日
得点
点

# 34 立体
# 角柱と円柱

## 1 次の立体は，何という立体ですか。

1つ3点【9点】

①
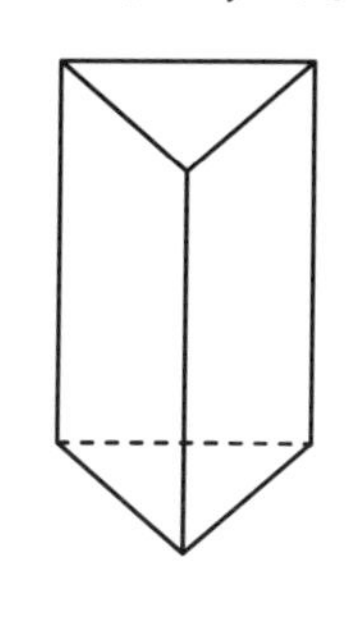

上下の2つの面の形から考える。

②
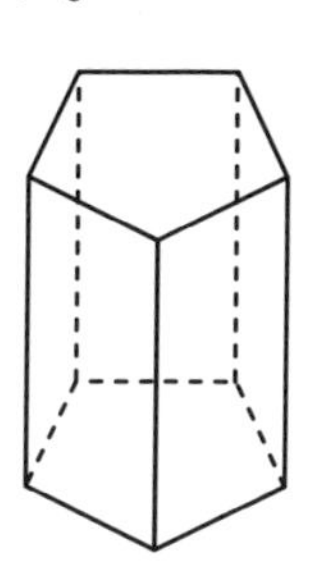

③
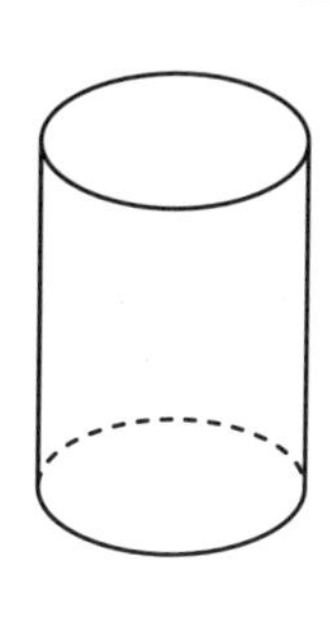

（　三角柱　）　（　　　　）　（　　　　）

## 2 次の立体で，□にあてはまることばを書きましょう。

1つ3点【15点】

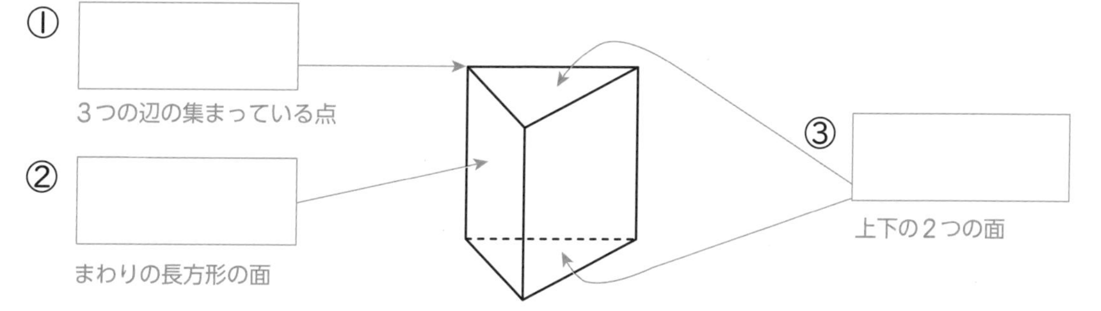


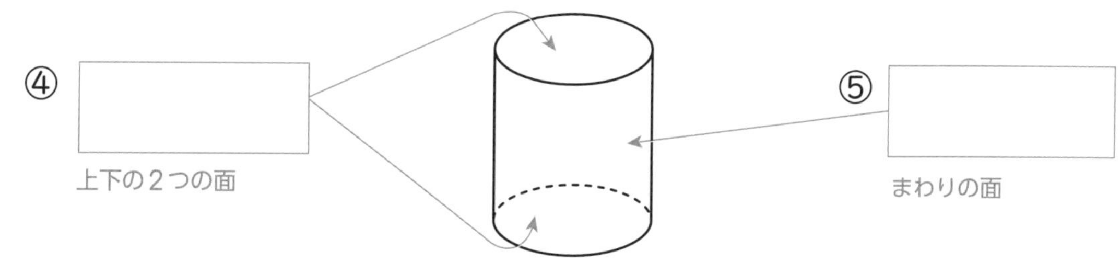


## 3 右の立体の図を見て答えましょう。

1つ5点【10点】

① この立体は，何という立体ですか。

（　　　　　　）

② この立体の側面はどんな形ですか。

（　　　　　　）

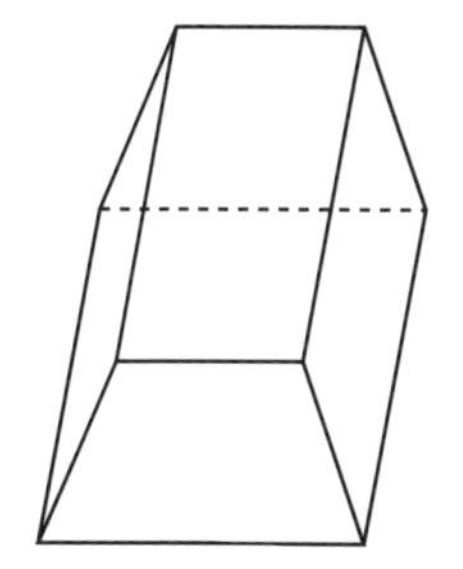

**4** 表のあいているところにあてはまる数を書きましょう。 1つ3点【36点】

| | 三角柱 | 四角柱 | 五角柱 | 六角柱 |
|---|---|---|---|---|
| 面の数 | | | | |
| 辺の数 | | | | |
| 頂点(ちょうてん)の数 | | | | |

**5** 下の展開図(てんかいず)について答えましょう。 1つ5点【15点】

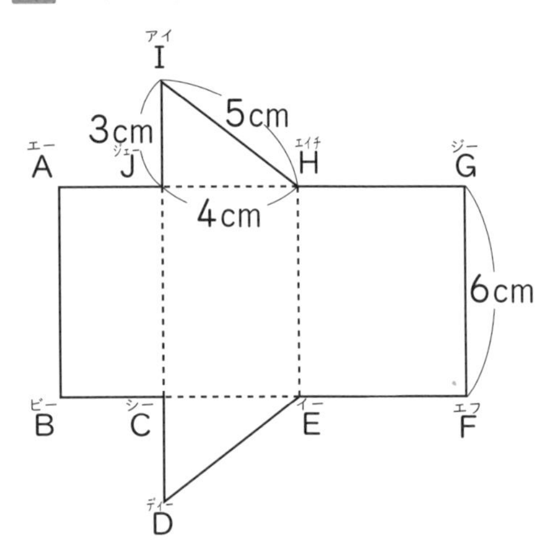


① 何という立体の展開図ですか。

(　　　　　)

② 組み立てたとき，点Aと重なる点を全部書きましょう。

(　　　　　)

③ この立体の高さは何cmですか。

(　　　　　)

**6** 下の展開図について答えましょう。 1つ5点【15点】

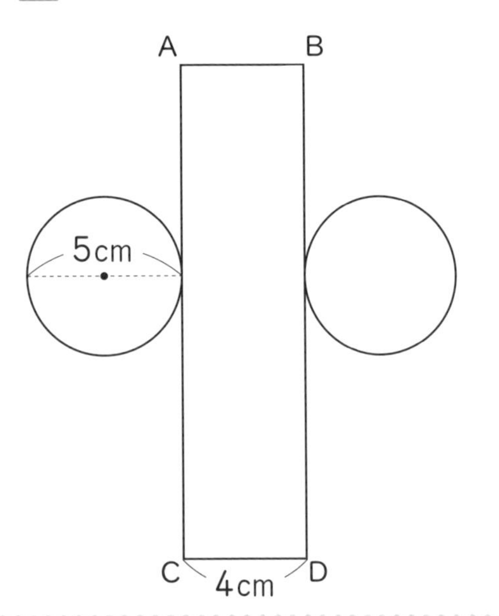


① 何という立体の展開図ですか。

(　　　　　)

② この立体の高さは何cmですか。

(　　　　　)

③ ACの長さは何cmですか。

(　　　　　)

次はプログラミングにちょう戦だ！

答え ▶ 87ページ

# 35 算数 パズル

## プログラミングにチャレンジ［矢印はどう進む？］

❶ としやさんは，次のようなプログラムを実行して図形をかきます。➡を動かすと，線を引くことができます。たとえば次のようなプログラムを実行すると，正三角形をかくことができます。ただし，くりかえすときは，スタートの位置にもどるまでくりかえすものとします。

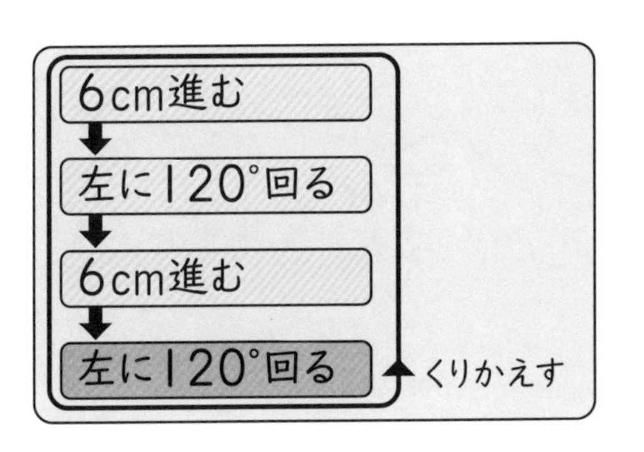


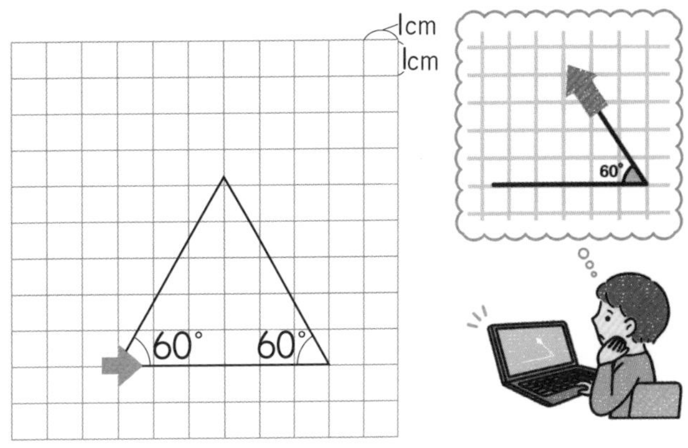


としやさんが次のプログラムを実行したとき，図の➡はどのように動くでしょうか。右下の図にかきましょう。

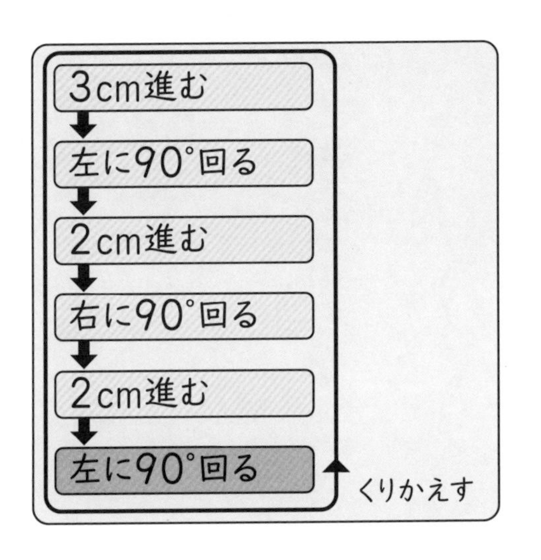


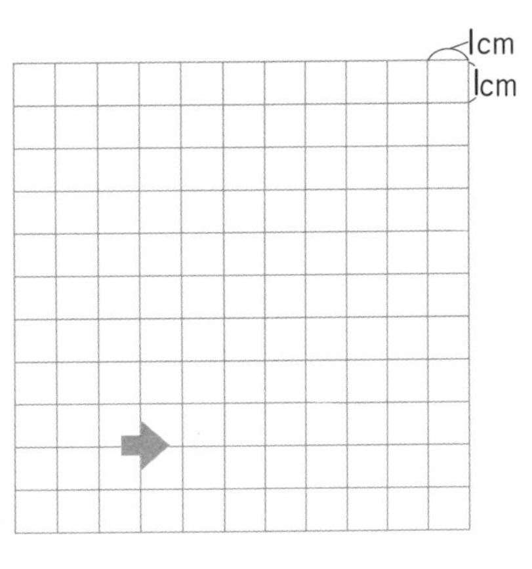

**2** るいさんは，次のようなプログラムを実行して図形をかきます。ただし，くりかえすときは，スタートの位置にもどるまでくりかえすものとします。

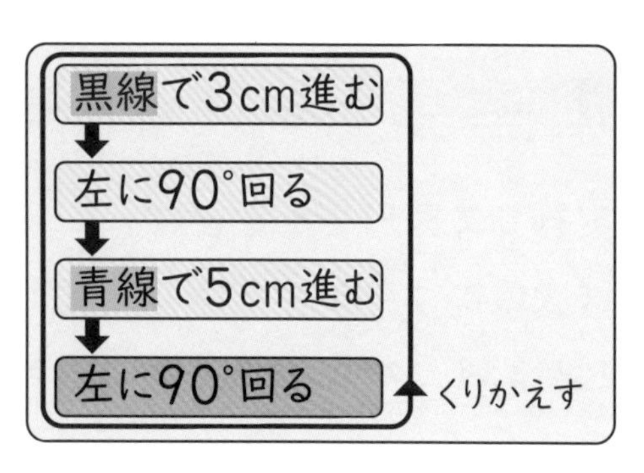


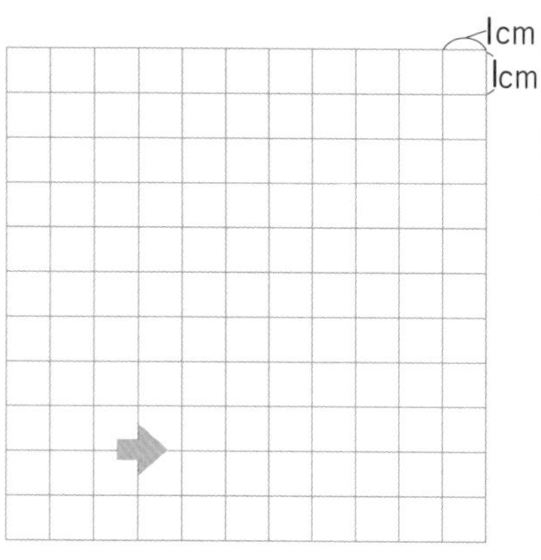

① どのような図形ができるでしょうか。

（　　　　　）

② 青線なのは，何番目に引かれた線でしょうか。すべて答えましょう。

（　　　　　）

**3** あやみさんが下のプログラムを実行したとき，右の図のような図形ができました。下のプログラムの㋐，㋑にあてはまる数を書きましょう。

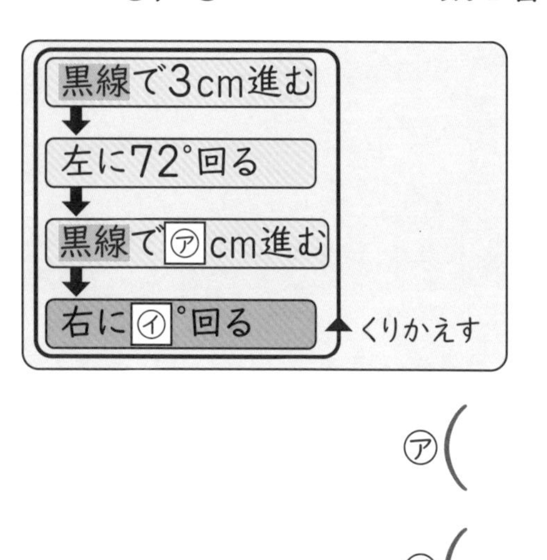


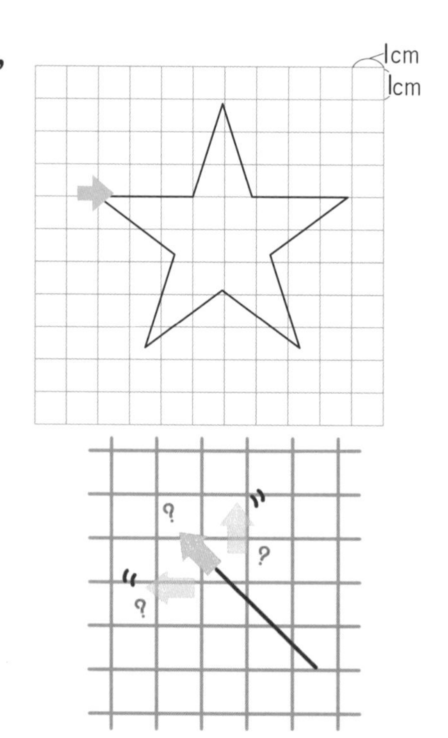


㋐（　　　　　）

㋑（　　　　　）

答え ▶ 88ページ

# 36 まとめテスト

名前

月　日　もくひょう 15分

得点　　点

## 1 次の数を書きましょう。　1つ5点【15点】

① 0.1を6個，0.001を4個あわせた数　（　　　）

② 0.01を30個集めた数　（　　　）

③ 0.782を100倍した数　（　　　）

## 2 下の図のような形の体積を求めましょう。　式5点，答え5点【10点】

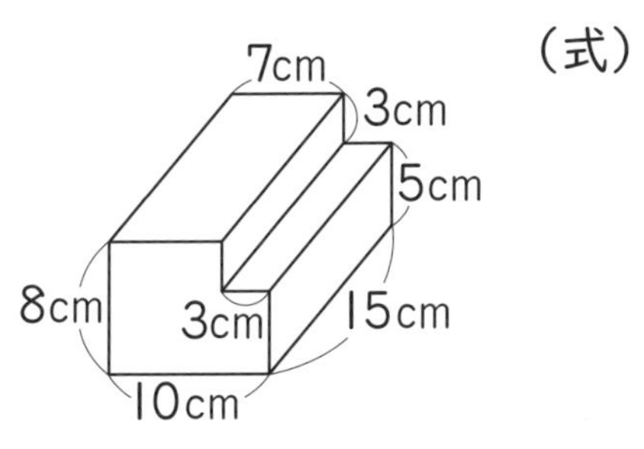


（式）

（　　　）

## 3 次の問題に答えましょう。　1つ5点【10点】

① 32と56の最大公約数はいくつですか。　（　　　）

② 3と5の公倍数のうち，70にいちばん近い数はいくつですか。　（　　　）

## 4 次の量の平均を求めましょう。　式5点，答え5点【10点】

109g，116g，97g，123g，105g

（式）

（　　　）

**5** 右の図は，長方形の紙を対角線を折り目として折ったものです。Ⓐ，Ⓘの角度は何度ですか。

1つ5点【10点】

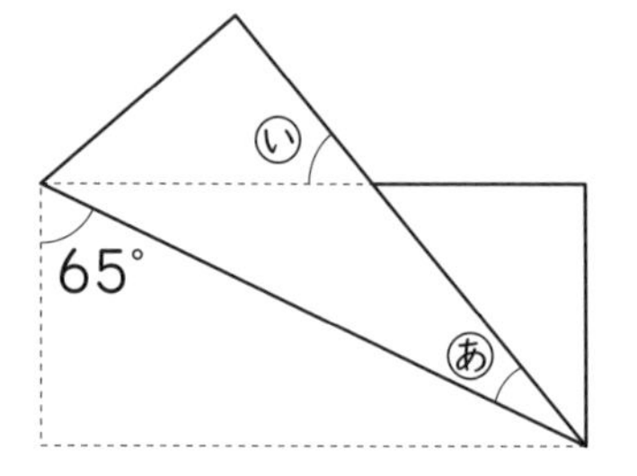

（　　　　　　）（　　　　　　）

**6** 次の図で，色がついた部分の面積を求めましょう。　式5点，答え5点【20点】

①

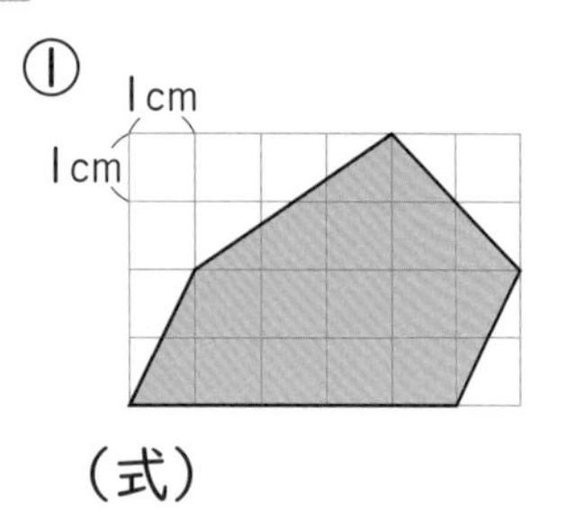


（式）

（　　　　　　）

②

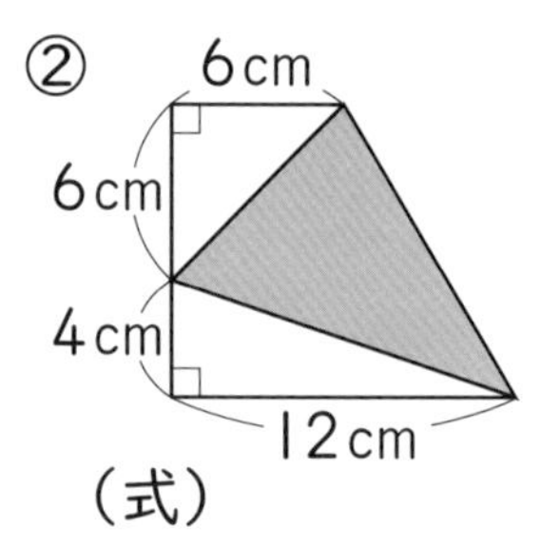


（式）

（　　　　　　）

**7** 次の図で，色がついた部分のまわりの長さを求めましょう。　式5点，答え5点【10点】

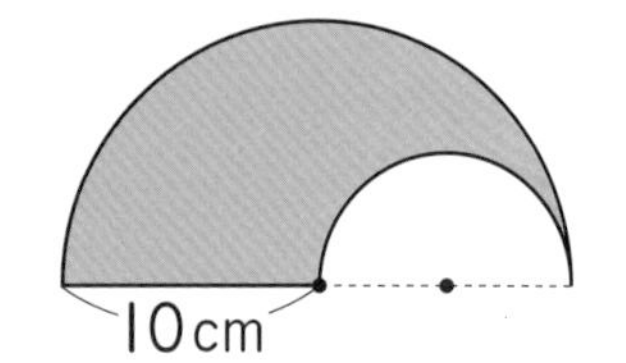


（式）

**8** 右の円グラフは，たかしさんの家の先月の生活費の割合（わりあい）を表したものです。円グラフを見て，□にあてはまる数を書きましょう。

1つ5点【15点】

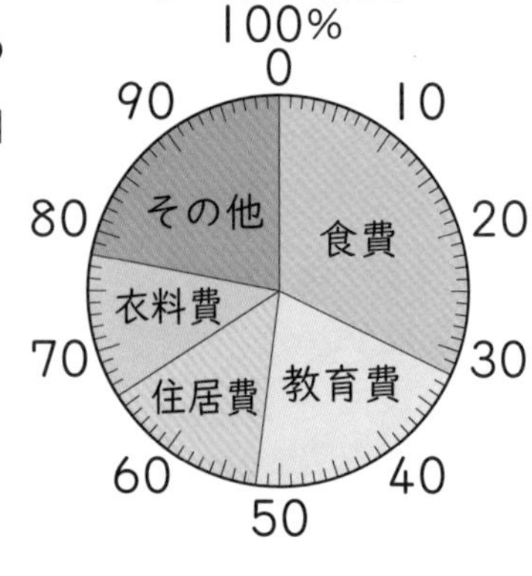


① 住居費（じゅうきょひ）の割合は，全体の□%です。

② 教育費の割合は，全体の□%で，

全体の□分の1です。

答え ▶ 88ページ

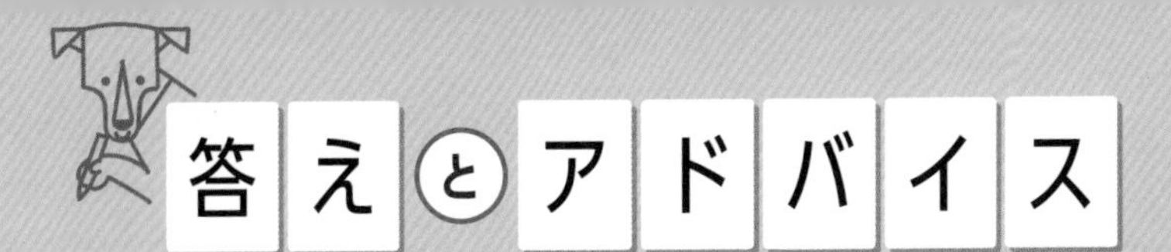


▶まちがえた問題は，もう一度やり直しましょう。
▶アドバイスを読んで，学習に役立てましょう。

## 1 小数のしくみ 5~6ページ

**1** ①4.637　②9.05
③0.308　④20.106

**2** それぞれ順に，
①2，3，6，5　②1，9，0，8

**3** ①9個　②12個
③104個　④270個

**4** ①0.007　②0.536
③2.941　④0.08

**5**
ウ 4.2　ア 4.25　イ 4.3

**6** ①4.237　②4.299

**7** 3.7，3.07，0.37，0.307，0

**8** ①97.431　②13.479
③39.741

アドバイス　7で，一の位が3の数は3.7と3.07で，順に下の位をみて考えます。また，0は1番小さいです。

8の③は，40より小さくて40にいちばん近い数は39.741，40より大きくて40にいちばん近い数は41.379。この2つを比べると，39.741のほうが近い，と考えます。

## 2 10倍，100倍，1000倍した数 7~8ページ

**1** ㋐42.1　㋑421　㋒4210

**2** それぞれ順に，
①1，37.4　②2，590
③3，600

**3** それぞれ順に，
①270，2700，27000
②467.1，4671，46710
③10.6，106，1060
④24.16，241.6，2416
⑤2，20，200
⑥6.7，67，670
⑦0.54，5.4，54

アドバイス　10倍，100倍，1000倍すると，小数点はそれぞれ右へ1けた，2けた，3けた移動することを利用します。100倍は，10倍の10倍であることから考えるとわかりやすいでしょう。

## 3 $\frac{1}{10}$，$\frac{1}{100}$，$\frac{1}{1000}$にした数 9~10ページ

**1** ㋐18.25　㋑1.825　㋒0.1825

**2** それぞれ順に，
①1，4.93　②2，2.574
③3，0.712

**3** ①8　②4.79
③0.54　④0.139

**4** ①8.04　②0.2801
③0.0369　④0.004

**5** ①0.24　②0.0065
③0.01837　④0.0009

アドバイス　$\frac{1}{10}$，$\frac{1}{100}$，$\frac{1}{1000}$にすると，小数点はそれぞれ左へ1けた，2けた，3けた移動することを利用します。わかりにくいときは，1の位取りの表にあてはめて考えましょう。

## 4 体積の意味 11~12ページ

**1** ①16個　②27個

**2** ①2cm³　②3cm³　③8cm³
④9cm³　⑤45cm³

**3** ①4cm³　②11cm³
③40cm³　④64cm³
⑤100cm³　⑥120cm³

アドバイス　体積は，1辺が1cmの立方体が何個分あるかで表します。図の見えないところにある立方体もわすれずに数えるようにしましょう。

## 5 直方体と立方体の体積 13~14ページ

**1** ①$2\times4\times3=24$　24cm³
②$3\times3\times3=27$　27cm³
③$120\times60\times20=144000$
144000cm³

**2** ①たて，横，高さ
（順番がちがっていてもよいです。）
②1辺，1辺，1辺

**3** ①$9\times6\times8=432$　432cm³
②$7\times7\times7=343$　343cm³
③$10\times4\times12=480$　480cm³
④$30\times8\times5=1200$　1200cm³

アドバイス　直方体や立方体の体積は，辺の長さをもとに，計算で求めることができます。

## 6 いろいろな形の体積 15~16ページ

**1** ①$8\times4\times5=160$
$8\times3\times2=48$
$160+48=208$　208cm³
②$8\times4\times3=96$
$8\times7\times2=112$
$96+112=208$　208cm³
③$8\times7\times5=280$
$8\times3\times3=72$
$280-72=208$　208cm³

**2** ①$4\times6\times2=48$
$4\times4\times6=96$
$48+96=144$　144cm³
②$6\times7\times4=168$
$3\times5\times4=60$
$168+60=228$　228cm³
③$9\times3\times5=135$
$9\times2\times3=54$
$135+54=189$　189cm³
④$10\times10\times4=400$
$5\times5\times4=100$
$400-100=300$　300cm³

アドバイス　**2**の①～③は，次のように求めることもできます。

①　$4\times4\times4=64$，$4\times10\times2=80$，$64+80=144$（cm³）
または，$4\times10\times6=240$，$4\times6\times4=96$，$240-96=144$（cm³）

②　$3\times12\times4=144$，$3\times7\times4=84$，$144+84=228$（cm³）
または，$6\times12\times4=288$，$3\times5\times4=60$，$288-60=228$（cm³）

③　$9\times5\times3=135$，$9\times3\times2=54$，$135+54=189$（cm³）
または，$9\times5\times5=225$，$9\times2\times2=36$，$225-36=189$（cm³）

④は，直方体の真ん中にあながあいている形と考えて，大きい直方体の体積から，小さい直方体の体積をひくことで求めることができます。

## 7 メートル法 17~18ページ

**1** ㋐1000　㋑kL

**2** ㋐10　㋑10　㋒10　㋓1000

**3** ①7000000　②6

③25　④3000

**4** 上から順に,

100, 10, 1000, 1000

**5** ①1000000

②L

**6** ①3000000　②4000　③16

アドバイス　**1**の㋐　1辺の長さが10cmだから,

$10\times10\times10=1000(cm^3)$

**1**の㋑　1mは10cmの10倍なので,体積は, 10×10×10=1000(倍)になります。Lを1000倍した単位はkLです。

**3**の①, ②　$1m^3=1000000cm^3$だから, $7m^3=7000000cm^3$, $6000000cm^3=6m^3$です。

③　$1mL=1cm^3$だから, $25cm^3=25mL$です。

④　$1L=1000cm^3$だから, $3L=3000cm^3$です。

**5**の①　1m=100cmだから, 1mは1cmの100倍です。それぞれの辺の長さが100倍になっているので, 体積は, 100×100×100=1000000(倍)になります。

**6**の③　1m=100cmなので, $1\times1\times1=1(m^3)$と, $100\times100\times100=1000000(cm^3)$は同じになります。

## 8 大きな体積 19~20ページ

**1** ①3×4×5=60　$60m^3$

②4×4×4=64　$64m^3$

③5.2×3×3.5=54.6　$54.6m^3$

④1.2×7×5=42　$42m^3$

**2** ①5×7×3=105　$105m^3$

②5×5×5=125　$125m^3$

③3.4×8×4.5=122.4

$122.4m^3$

④1.5×2.8×6=25.2　$25.2m^3$

アドバイス　単位がcmではなくmであることに注意しましょう。それぞれの長さがmなら, 体積の単位は$m^3$になります。

## 9 合同な図形 21~22ページ

**1** ①㋒　②㋘

**2** ①頂点D　②3cm　③60°

**3** ①頂点F　②辺ED

③6cm　④60°

**4** ①辺HG

②5cm

③70°

**5** 4組

アドバイス　**2**, **3**, **4**　2つの図形の向きがちがうことに注意しましょう。

**4**　四角形EFGH(イーエフジーエイチ)には角Hに直角マークがあるので, そこから図形の向きを考えるようにしましょう。

**5**　合同な三角形は, 次の4組です。

三角形ABO(エービーオー)と三角形CDO(シーディー)

三角形ADOと三角形CBO

三角形ABCと三角形CDA

三角形ABDと三角形CDB

## 10 合同な三角形 23~24ページ

（**1**，**2**の図は，辺の長さが実際の長さの半分になっています。）

**1** ①

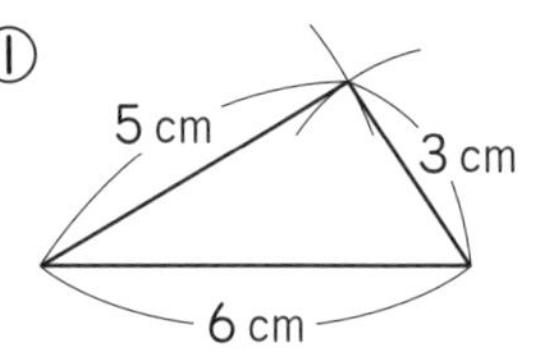


②

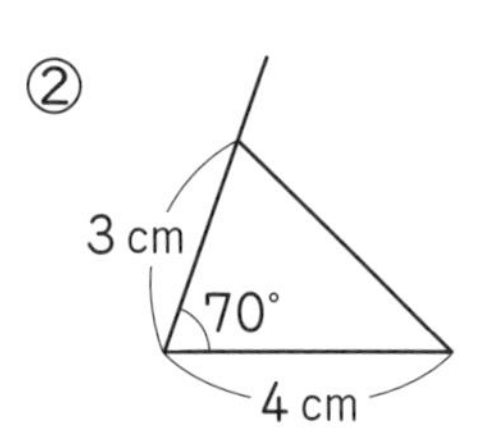


③

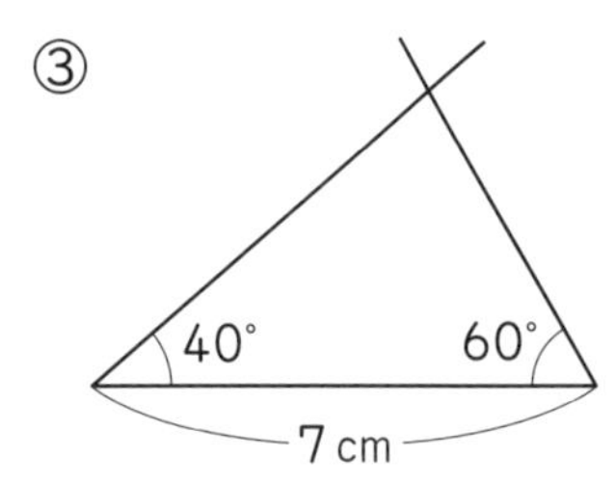


**2** ①

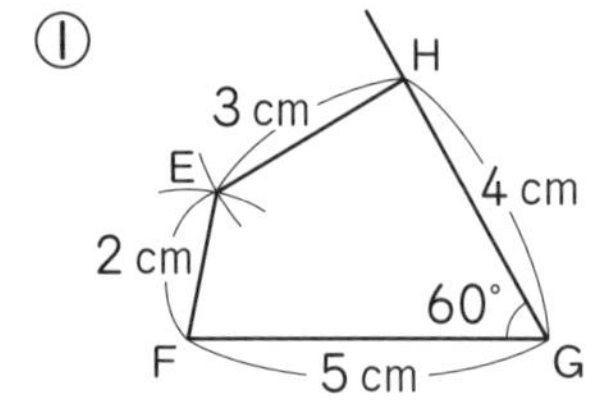


②

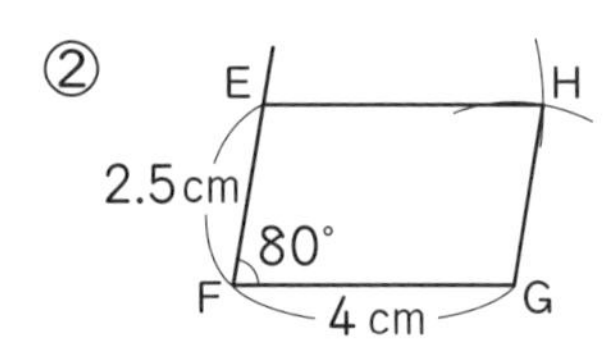


**3** ①辺AB　　②角C

アドバイス　**2**では，四角形を対角線で2つの三角形に分け，三角形を2つかくと考えます。

① まず，三角形FGHをかいて3つの頂点F，G，Hを決め，次に三角形EFHをかいて頂点Eを決めます。

② まず，三角形EFGをかいて3つの頂点E，F，Gを決め，次に，EH=4cm，GH=2.5cmを使って三角形EGHをかき，頂点Hを決めます。

## 11 偶数と奇数 25~26ページ

**1** ①0，2，4，6，8，10，12，14，16を○で囲む。

②1，3，5，7，9，11，13，15，17を○で囲む。

**2** ①偶数　②偶数　③奇数　④奇数

⑤偶数　⑥奇数　⑦奇数　⑧奇数

**3** ①奇数　②偶数

**4** ①0，2，4，6，8

②1，3，5，7，9

**5** ①奇数　②偶数

アドバイス　**5**は，次の図で考えてみましょう。

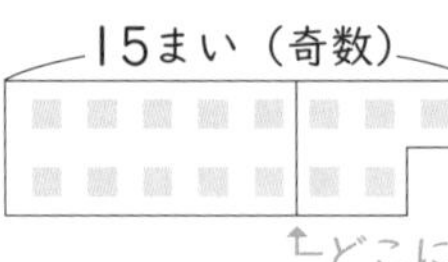


偶数+奇数=奇数

奇数+偶数=奇数

どこにしきりを入れても同じ。

いろいろな数で確かめてみましょう。

## 12 倍数，公倍数，最小公倍数 27~28ページ

**1** ①4，8，12　②10，20，30

**2** ①6，12，18，24　②6

**3** ①12，24，36　②14，28，42

**4** ①7，14，21，28

②3個　③10個　④15個

**5** ①10，20，30

②24，48，72

**6** ①6　②24

③30　④36

アドバイス　**4**の②は，30÷8=3あまり6より，8の倍数は3個と求めます。

公倍数は最小公倍数の倍数になっていることを確かめておきましょう。

## 13 約数，公約数，最大公約数 29~30ページ

**1** ①1，2，3，6
②1，2，5，10

**2** ①1，2，4　②4

**3** ①1，3　②1，2，3，6

**4** ①5，7，13，29
②20，32

**5** ①1，2
②1，2，3，4，6，12

**6** ①2　②3
③5　④8

**7** ㋒，㋔

アドバイス　**4**の②で，20の約数は1，2，4，5，10，20の6つ，32の約数は1，2，4，8，16，32の6つです。
公約数は最大公約数の約数になっていることを確(たし)かめておきましょう。

## 14 わり算と分数 31~32ページ

**1** ①$\frac{1}{5}$　②$\frac{3}{7}$　③$\frac{5}{8}$　④$\frac{7}{5}$

**2** ①0.4　②0.333…　③0.5
④1.25　⑤0.833…

**3** ①$\frac{4}{7}$　②$\frac{1}{9}$
③$\frac{5}{3}$　④$\frac{9}{5}$

**4** ①ア　②ウ　③カ

**5** ①3　②6　③4　④12
⑤順に，7，8　⑥順に，8，7

## 15 分数と小数 33~34ページ

**1** ①0.75　②1.8
③0.17　④1.625

**2** ①3　②19　③4
④17　⑤51　⑥18

**3** ①0.875　②0.67
③1.83　④2.5625

**4** ①0.26　②0.65
③$\frac{3}{8}$　④0.58

**5** ①$\frac{9}{10}$　②$\frac{1}{25}$
③$\frac{77}{200}$　④$\frac{121}{100}\left(1\frac{21}{100}\right)$

アドバイス　**4**は，それぞれの分数を小数になおして比(くら)べます。①$\frac{1}{4}$=0.25，②$\frac{3}{5}$=0.6，③$\frac{3}{8}$=0.375となります。
④の$\frac{4}{7}$は小数になおすと，0.5714…となるので，0.58のほうが大きいです。

## 16 時間と分数 35~36ページ

**1** それぞれ順に，
①20，20　②4，4
③1，1

**2** それぞれ順に，
①5，5　②7，7
③2，2　④1，1

**3** ①45　②順に，4，$\frac{3}{4}$

**4** ①40　②順に，3，$\frac{2}{3}$

**5** ①$\frac{1}{5}$　②$\frac{3}{4}$
③$1\frac{1}{3}\left(\frac{4}{3}\right)$　④$2\frac{1}{2}\left(\frac{5}{2}\right)$

アドバイス　**2**の②で，1時間は60分なので，12等分すると，60÷12=5（分）だから，35÷5=7（個(こ)分）だとわかります。
**5**の①の12分は，$\frac{12}{60}=\frac{1}{5}$（時間）となります。

## 17 平均の表し方 37~38ページ

**1** ①(4+1+3+2+6)÷5
=3.2　3.2人
②(5+3+0+7+4+2)÷6
=3.5　3.5さつ
③(73+86+79+92)÷4
=82.5　82.5cm

**2** (3.5+4.2+5.1+3.9+4.8)÷5
=4.3　4.3m

**3** (76+81+93+86+69)÷5
=81
(90+78+83+71)÷4
=80.5　1月

**4** 0.62×350=217　約220m

**5** (25.3×16+26.5×14)÷(16+14)=25.86　約25.9m

アドバイス　**1**の①のように，平均(へいきん)では，人数のような数も小数で表すことがあります。

**4**は「道のり＝歩はばの平均×歩数」で求めることができます。

## 18 単位量あたりの大きさの表し方 39~40ページ

**1** ①500÷40=12.5
600÷50=12　西公園
②40÷500=0.08
50÷600=0.083…　西公園

**2** 358512÷404=887.4…　約890人

**3** 120÷24=5
144÷30=4.8　1組の学級園

**4** 1100÷10=110
920÷8=115
8さつで920円のノート

**5** ①600÷48=12.5
520÷40=13　Bの自動車
②250÷12.5=20　20L
③13×35=455　455km

## 19 時速，分速，秒速 41~42ページ

**1** ①200÷4=50　時速50km
②930÷15=62　分速62m
③135÷5=27　秒速27m
④180÷2.5=72　時速72km

**2** ①270÷5=54　時速54km
②6000÷24=250
分速250m
③360÷12=30　秒速30m
④440÷1.6=275
時速275km
⑤2100÷4.2=500
分速500m
⑥1分15秒=75秒
1200÷75=16　秒速16m

## 20 道のり，時間 43~44ページ

**1** ①280×2=560　560km
②65×8=520　520m
③175÷35=5　5時間
④500÷20=25　25秒

**2** ①38×4=152　152km
②0.2×50=10　10km
③15×40=600　600m
④180÷45=4　4時間
⑤750÷15=50　50分
⑥705÷47=15　15秒

アドバイス　「道のり＝速さ×時間」，「時間＝道のり÷速さ」の公式を使うときには，単位に気をつけましょう。

## 21 三角形の角 45~46ページ

**1** ①180−(70+30)=80　80°
②180−(30+120)=30　30°
③180−(90+35)=55　55°
④180−(45+50)=85　85°
⑤180−(60+70)=50
180−50=130　130°
⑥180−(40+30)=110
180−110=70　70°

**2** 180÷3=60　60°

**3** ①180−50×2=80　80°
②(180−50)÷2=65　65°
③180−25×2=130
180−130=50　50°

**4** 180−70=110
(180−110)÷2=35
180−(90+70)=20
35+20=55　55°

アドバイス　**1**では，角度を求める式は，たとえば①を，180−70−30=80と書いても正解(せいかい)です。自分の求めやすい方法で求めましょう。

**3**は，二等辺三角形では2つの角の大きさが等しいことを使って求めます。

**4**は，二等辺三角形ACD(エーシーディー)の角Cを求めてから，三角形ACDの角Aを求めます。次に直角三角形ABC(ビー)の角Aを求めて，2つの角Aの大きさをたします。

## 22 四角形，多角形の角 47~48ページ

**1** ①360−(110+100+70)
=80　80°
②360−(90+105+95)
=70　70°
③360−(120+65+60)
=115　115°

**2** (順に)120，120，720

**3** ①5　②7

**4** ①360−(95+90+75)
=100　100°
②360−(125+65+55)
=115　115°

**5** ①180×3=540　540°
②180×4=720　720°

アドバイス　**5**は，頂点をつなぐ直線で，分けると，五角形は3つ，六角形は4つの三角形に分けることができます。

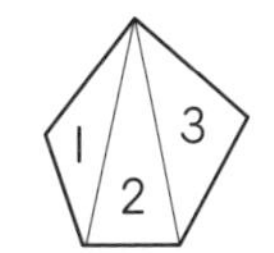


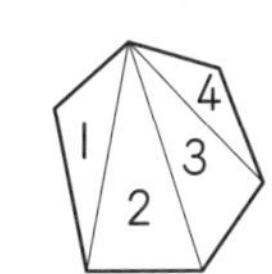


## 23 平行四辺形の面積 49~50ページ

**1** ①EF　②GH

**2** ①5×4=20　20cm²
②6×6=36　36cm²
③2×8=16　16cm²

**3** ①4.5×6=27　27cm²
②5×12=60　60cm²

**4** ①等しい。　②3倍

**5** □×4=24
□=24÷4=6　6cm

アドバイス　**2**の②，③は，どの長さが底辺と高さになるのかに気をつけます。

**4**の②では，高さが等しいから，底辺が6÷2=3(倍)になると，面積も3倍になると考えます。

## 24 三角形の面積 51~52ページ

**1** ①AE　②CD　③BF

**2** ①$7\times3\div2=10.5$　$10.5cm^2$

②$8\times6\div2=24$　$24cm^2$

③$10\times3\div2=15$　$15cm^2$

**3** ①$4\times8\div2=16$　$16cm^2$

②$6.5\times4\div2=13$　$13cm^2$

**4** ㋑，㋔

**5** ①$24cm^2$　②$36cm^2$

アドバイス　**5**の②は，三角形ABC（エービーシー）の高さを求めると，$6\times\square\div2=24$より，$\square=8$(cm)とわかります。三角形EFG（イーエフジー）の高さも8cmだから，面積は，$9\times8\div2=36(cm^2)$です。

## 25 台形，ひし形の面積 53~54ページ

**1** ①(順に)4，4，24

②(順に)8，4，24

**2** (順に)4，8，16

**3** ①$(5+8)\times6\div2=39$　$39cm^2$

②$12\times20\div2=120$　$120cm^2$

**4** 台形ABCD　$(4+6)\times5\div2=25$

三角形ABE　$(6+4)\times5\div2=25$

等しい。

**5** $8\times8\div2=32$　$32cm^2$

アドバイス　**3**は，台形とひし形の面積の公式にあてはめて求めましょう。

**4**は，台形を三角形に変えたとみることができます。この図からも台形の面積を求める公式を導（みちび）くことができます。

**5**は，正方形を対角線の長さが等しいひし形とみて，ひし形の面積の公式を使います。

## 26 いろいろな形の面積 55~56ページ

**1** ①(順に)4，3，16

②(順に)3，2，3，16

**2** ①(順に)20，10，600

②(順に)16，600

**3** ①$5\times3\div2+5\times4\div2=17.5$

$17.5cm^2$

②$12\times10-12\times10\div2=60$

$60cm^2$

③$(8+5+9)\times(3+6)\div2$
$-9\times6\div2-8\times3\div2=60$

$60cm^2$

④$(35-4)\times27=837$　$837m^2$

⑤$6\times7\div2+4\times11\div2=43$

$43cm^2$

アドバイス　**3**の①は，大きい三角形の面積から小さい三角形の面積をひいて，$3+4=7$，$3+5=8$，$7\times8\div2-7\times3\div2=17.5(cm^2)$と求めることもできます。

②は，次の図のように三角形の頂点を移動（いどう）して，$12\times10\div2=60(cm^2)$と求めることもできます。

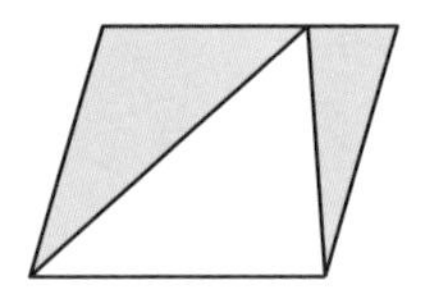

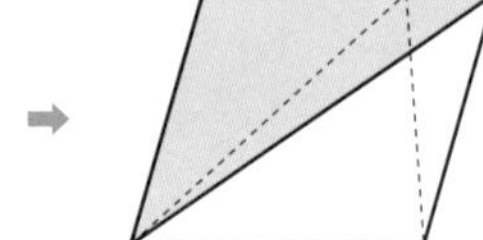

③は，台形の面積から2つの直角三角形の面積をひいて求めます。

④は，白い部分を取り，（両側の色のついた部分をつないで，）1つの平行四辺形にするとかんたんです。

⑤は，色のついた部分に対角線をひいて，2つの三角形に分け，それぞれの面積の和として求められます。

## 27 割合　57~58ページ

**1** ①8÷16=0.5　　0.5
②2÷10=0.2　　0.2
③9÷12=0.75　　0.75

**2** 22÷40=0.55　　0.55

**3** ①85÷125=0.68　　0.68
②35÷125=0.28　　0.28
③5÷125=0.04　　0.04

**4** 48÷120=0.4　　0.4

**5** 30÷24=1.25　　1.25

**アドバイス** **2**は，むし歯のある人の人数が比べられる量（比べる量）で，クラスの人数がもとにする量です。**3**の①～③のそれぞれについて，比べられる量（比べる量）ともとにする量がどれになるのかをまちがえないようにしましょう。**5**の赤いリボンの長さの割合のように，比べられる量（比べる量）がもとにする量より大きいときは，割合が1より大きくなります。

## 28 百分率　59~60ページ

**1** ①32%　②64.9%
③118%　④400%

**2** ①3割5分4厘　②9割
③20割　④6割8厘

**3** ①0.56　②0.09
③1.1　④0.074

**4** ①0.627　②0.05
③2　④0.57

**5** ①2割5分　②9分
③6割　④3分8厘

**アドバイス** 小数で表した割合は，もとにする量を1とみた表し方です。

百分率（%）は，もとにする量を100とみた表し方です。

歩合では，割合を表す0.1は1割，0.01は1分，0.001は1厘で表します。**5**では，百分率を小数で表してから，歩合で表すとよいでしょう。

## 29 帯グラフ　61~62ページ

**1** ①帯グラフ
②文学………38%
社会………16%
図かん……11%
③約5分の1

**2**

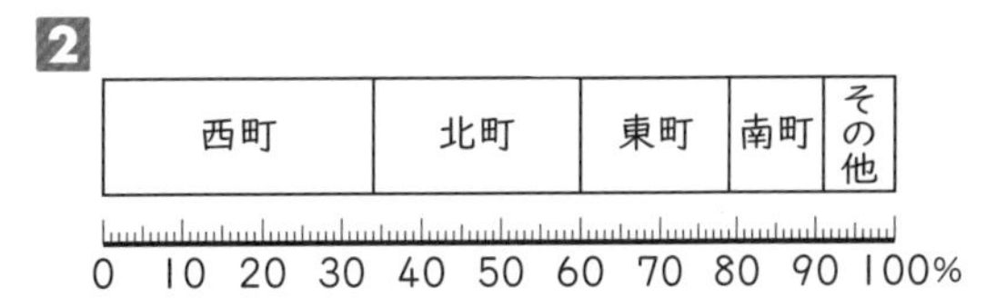


**3** ①25%
②(順に)33%，約3分の1
③1.7倍
④12万円
⑤Aが3万円多い

**アドバイス** 帯グラフは，全体に対するそれぞれの部分の割合を，長方形の面積の大小で表して，見やすくしたものです。

**1**の③で，理科は19%です。約20%と考えると全体の約5分の1となります。

**3**の⑤で，AとBの野菜の割合は，それぞれ18%と20%なので，Aの野菜の売上金額は$150\times\frac{18}{100}=27$（万円），Bの野菜の売上金額は$120\times\frac{20}{100}=24$（万円）

## 30 円グラフ　63~64ページ

**1** ①円グラフ

②乗用車……46%

トラック…21%

自転車……12%

③約5倍

**2**

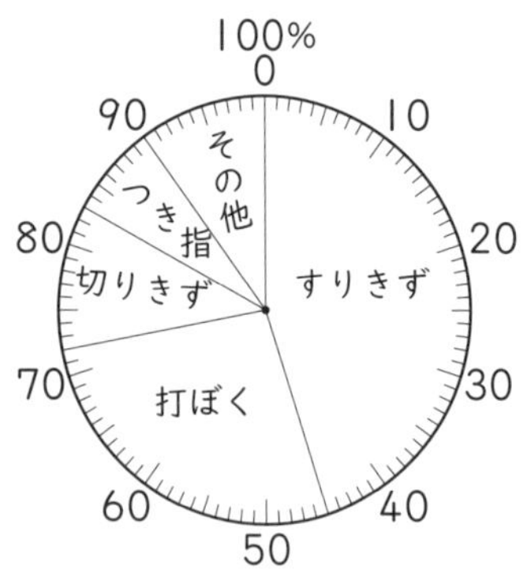


**3** ①〔たんぱく質〕

154÷360=0.427…43%

〔でんぷん〕

125÷360=0.347…35%

〔水分〕

40÷360=0.111…　11%

〔しぼう〕

22÷360=0.061…　6%

〔その他〕

19÷360=0.052…　5%

②

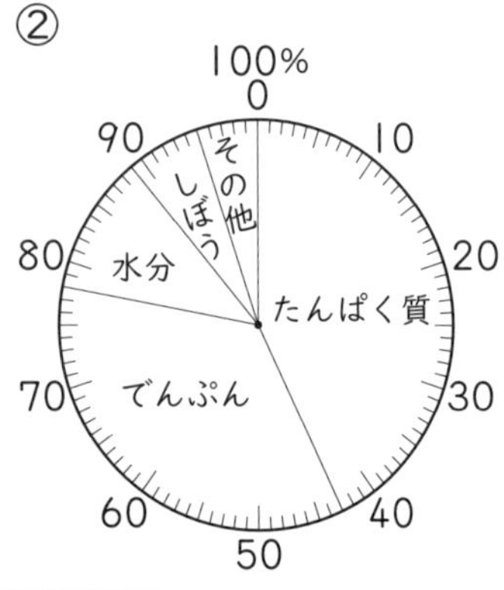


**アドバイス**　円グラフは，全体に対するそれぞれの部分の割合を，分けられた面積（おうぎ形）の大小で表して，見やすくしたものです。

**1**の③は，46÷9=5.11…より，約5倍。

## 31 正多角形　65~66ページ

**1** ①多角形　②八角形

③正多角形　④正六角形

⑤正三角形

**2** ①正三角形　②正五角形

③正七角形

**3** ①

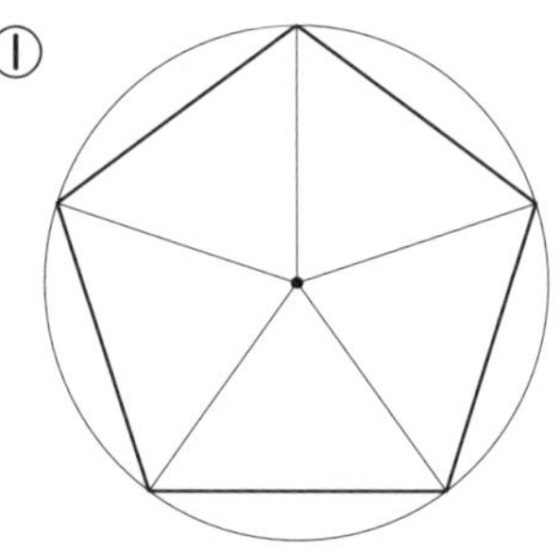

②

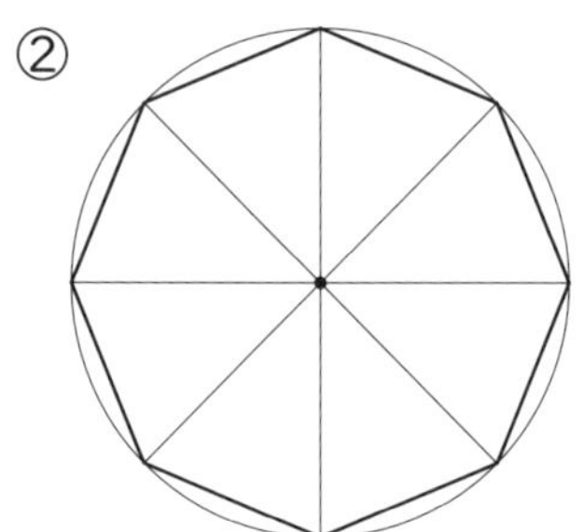

**4** ㋐36°　㋑72°

㋒144°

**5** 140°

**アドバイス**　**3**では，円の中心のまわりを等分してかきます。

①360÷5=72で，72°に等分。

②360÷8=45で，45°に等分。

**4**の㋐は，360÷10=36（度）

㋑は，(180−36)÷2=72（度）

㋒は，72×2=144（度）

**5**は，360÷9=40

(180−40)÷2=70

70×2=140（度）

## 32 円周① 67~68ページ

**1** ①10×3.14=31.4　31.4cm
②4×2×3.14=25.12
25.12cm

**2** ①5×3.14=15.7　15.7cm
②3.5×2×3.14=21.98
21.98cm
③6×3.14=18.84
18.84m
④1.5×2×3.14=9.42
9.42m

**3** ①(表の左から順に)
3.14，6.28，9.42，
12.56，15.7
②3.14cm
③2倍，3倍，…になる。
④□×3.14=△

**4** ①15×3.14=47.1　47.1cm
②25×2×3.14=157　157cm
③12.5×2×3.14=78.5
78.5m

**アドバイス**　3.14をかける計算は，計算のきまり■×●=●×■を使って，たとえば，25×3.14は3.14×25として計算したほうがかんたんです。くふうして計算しましょう。

**2**の③と④は，長さの単位がmになっています。気をつけましょう。

**3**の④は，△÷□=3.14としても正解(せいかい)です。

## 33 円周② 69~70ページ

**1** ①15.7　②(順に)15.7，5

**2** ①□×3.14=31.4
□=31.4÷3.14=10　10cm
②□×2×3.14=94.2
□=94.2÷3.14÷2
=15　15cm
③□×2×3.14=18.84
□=18.84÷3.14÷2
=3　3cm

**3** □×3.14=50
□=50÷3.14=15.92…
約15.9cm

**4** ①5×2×3.14÷2+5×2
=25.7　25.7cm
②8×2×3.14÷4+8×2
=28.56　28.56cm

**5** ①4×2×3.14÷2+4×3.14
÷2×2=25.12　25.12cm
②10×2×3.14÷4+10×3.14
÷2+10=41.4　41.4cm

## 34 角柱と円柱 71~72ページ

**1** ①三角柱　②五角柱　③円柱

**2** ①頂点　②側面　③底面
④底面　⑤側面

**3** ①四角柱　②長方形

**4**

| | 三角柱 | 四角柱 | 五角柱 | 六角柱 |
|---|---|---|---|---|
| 面の数 | 5 | 6 | 7 | 8 |
| 辺の数 | 9 | 12 | 15 | 18 |
| 頂点の数 | 6 | 8 | 10 | 12 |

**5** ①三角柱　②点I，G　③6cm

**6** ①円柱　②4cm　③15.7cm

## 35 算数パズル 73~74ページ

❶

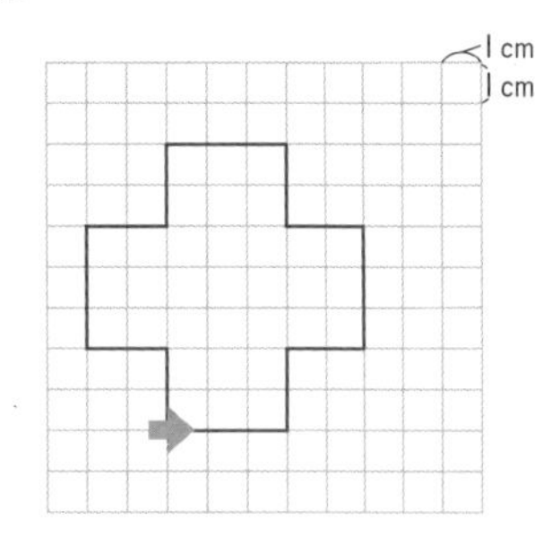


❷ ①長方形

②2番目，4番目

❸ ㋐3　　㋑144

**アドバイス** 正三角形をかく例から，➡が向いている方向にスタートすることがわかります。また，正三角形の1つの角の大きさは60°なので，➡の先は，それぞれの頂点(ちょうてん)にきたときに左回りに180−60=120(°)回ることがわかります。ここから，色々な図形をかくときのルールを理解(りかい)しましょう。

❸の㋐ 問題の図の星形は，すべての辺の長さが等しくなっています。最初に3cmの線を引いているので，他の辺の長さも3cmになります。

㋑ 星形の上の部分は二等辺三角形になっていて，等しい角の大きさは72°だとわかるので，角度を求めるところの内側の角の大きさは36°だとわかります。だから，180−36=144(°)となります。➡の先が右回りに何度回るかを考えなければならないことに注意しましょう。

## 36 まとめテスト 75~76ページ

1 ①0.604　②0.3　③78.2

2 15×10×8−15×3×3=1065　1065cm³

3 ①8　②75

4 (109+116+97+123+105)÷5=110　110g

5 ㋐25°　㋑50°

6 ①5×2+5×2÷2=15　15cm²

②6+4=10
(6+12)×10÷2−12×4÷2−6×6÷2=48　48cm²

7 10×2×3.14÷2+10×3.14÷2+10=57.1　57.1cm

8 ①14　②(順に)20，5

**アドバイス** 2は，次の式も正解(せいかい)です。

・15×10×5+15×7×3=1065

・15×7×8+15×3×5=1065

3の②は，3と5の最小公倍数は15なので，15，30，45，60，75，90，…と考えていくと，70にいちばん近い数は75になります。

5の㋐では，紙を折り返しているので，㋐の角の大きさは，折り返す前の角の大きさと等しくなり，㋐+65+90=180，㋐=180−65−90=25(°)

㋑で，㋐の右側の角の大きさは，90−25×2=40(°)だから，㋑の向かい側の角の大きさは，180−90−40=50(°)だとわかります。向かい合う角の大きさは等しいので，㋑も50°です。